Publication de **La Revue Blanche**

QUELQUES APERÇUS

SUR

l'Esthétique des formes

PAR

M. CHARLES HENRY

Dessins et Calculs de Paul SIGNAC

PARIS

LIBRAIRIE NONY & Cie

17, Rue des Écoles, 17

1895

Publication de **La Revue Blanche**

QUELQUES APERÇUS

SUR

l'Esthétique des formes

PAR

M. Charles HENRY

Dessins et Calculs de Paul SIGNAC

✳

PARIS

LIBRAIRIE NONY & Cie

17, Rue des Écoles, 17

1895

QUELQUES APERÇUS

SUR

L'ESTHÉTIQUE DES FORMES

L'ESTHÉTIQUE DES FORMES

I

INTRODUCTION

1. — *Le problème de la beauté est insoluble.* — Il ne s'agit
point dans ces lignes de produire quelque nouveau canon,
dont l'application doive inmanquablement faire naître des
chefs-d'œuvre. La science ne connaît point ces prétentions.
Ce que l'on appelle une « belle » forme n'est pas mécanique-
ment réalisable, car il entre dans le sentiment de la beauté
une multitude de jugements, sur lesquels la satisfaction de
convenances infinies et diverses, l'histoire de l'individu et de
la race ont une influence décisive. Les données qu'il faudrait
introduire dans les calculs sont trop complexes pour pouvoir
être même dénombrées : ce ne pourrait être que l'objet d'une
science parfaite.

2. — *On cherche à déterminer l'action physiologique des
formes.*— Il se pose pour les formes un problème scientifique
qui a néanmoins une grande importance en lui-même et dans
ses applications à l'art industriel. Les actions de notre système
nerveux sont soumises à des lois : ces lois sont l'objet de la
physiologie des sensations. Qui dit loi dit action constante
dans des conditions subjectives et objectives données. Les
conditions objectives, dans le cas présent des longueurs et
des angles, sont faciles à mesurer. Les actions nerveuses,
lesquelles consistent en deux fonctions à un certain degré
antagonistes, la sensibilité et la motricité, ne peuvent subir
que deux modifications : ou bien la forme exagérera la sensibilité et diminuera la motricité, dans ce cas elle apparaîtra pé-
nible ou bien elle exagérera la motricité et diminuera la sensibilité, dans ce cas elle apparaîtra agréable. Nous savons, en
effet, que toute modification intense du nerf sensitif est ac-
compagnée de douleur, que toute réaction motrice plus con-

sidérable est corrélative de plaisir, soit que l'excitation joue le rôle d'un simple appareil de déclanchement, soit qu'elle augmente en même temps l'énergie vitale (aliments, oxygène de l'air, etc.). Toute hyperesthésie entraîne de la paralysie, comme le prouve entre autres faits la dilatation de la pupille sous l'influence de la surexcitation d'origine rétinienne ou cérébrale.

3. — *Il faut considérer un être normal.* — Mais une condition complique le problème Les réactions subjectives varient suivant l'état normal ou suivant l'état pathologique ; les actions nerveuses se renversent dans ce dernier état. Ce qui hyperesthésie ou affecte désagréablement un sujet normal anesthésie et affecte agréablement un sujet malade et réciproquement. C'est là une vérité établie par des faits nombreux et qui se déduit directement des lois des équilibres chimiques rapprochés de cette remarque que les produits toxiques d'oxydation à doses faibles exagèrent la vitalité. J'ai assez insisté sur ce point important dans le n° de janvier 1894 de *la Société nouvelle* pour n'y point revenir ici. Il s'agit de préciser pour les êtres normaux quelles sont les formes qui ont pour effet de déterminer de l'hyperesthésie (on dit vulgairement d'une forme qu'elle tire l'œil), quelles sont celles qui produisent une anesthésie relative.

4. — *Nécessité de tourner le problème.* — Qu'est-ce que l'état normal? Quand nous le faisons consister en une tendance à exercer intégralement toutes les fonctions et notamment des fonctions antagonistes comme celles de la moelle et du cerveau, nous exprimons une idée vague que nous sommes incapables de préciser. Nous ne pouvons déclarer rigoureusement normal un sujet donné, et sans doute il n'en existe pas. Il faudrait avoir une histochimie complète pour pouvoir énoncer la formule objective du normal. Il est donc nécessaire de tourner la difficulté, de définir cet état et de résoudre la question esthétique sans poser des problèmes comme les problèmes physico-chimiques dont nous ignorons souvent les termes et à plus forte raison les solutions.

5. — *Principes généraux d'une physiologie rationnelle des sensations.* — Pour la clarté des développements sur la forme, je dois rappeler les principes qui m'ont permis de constituer

une physiologie générale des sensations, dont l'esthétique des formes n'est qu'un cas très particulier.

Je considère dans l'être vivant cinq faits fondamentaux :

1° La *polarité*, c'est-à-dire la propriété d'être différencié dans l'état des forces et dans la forme suivant la direction (inégalité de la force à droite et à gauche ; — rapport de la force à droite et à gauche différant suivant le sexe, la femme étant relativement plus gauchère que l'homme ; — inégalité d'intensité des bruits musculaires et nerveux à droite et à gauche ; — irradiation normale des réflexes de bas en haut, etc.). Cette polarité est liée à une autre propriété générale du protoplasma : le *tropisme*, d'après laquelle l'être vivant est tantôt attiré, tantôt repoussé par les excitants.

2° *L'intelligence* ou le pouvoir d'associer des représentations coexistantes ou successives par des rapports d'identité, d'analogie ou de causalité (les exemples d'attention, de mémoire et de raisonnement chez les animaux sont trop nombreux pour qu'on puisse contester la généralité de cette propriété chez l'être vivant). Les associations d'idées d'analogie qui ont une si grande importance dans la vie pratique et la vie esthétique doivent jouer un rôle considérable dans les convenances d'un être libre de constituer ses lois.

3° *L'expression de tout état mental et de toute idée par des mouvements du corps et plus spécialement des appendices :* (illusions visuelles explicables seulement par des perceptions inconscientes de mouvements des appareils de préhension ; — parallélisme des erreurs visuelles et des erreurs motrices dans le dessin ; — durée moyenne de l'oscillation de la jambe égale à la durée moyenne d'une association d'idées ; — mouvements inconscients exprimant l'idée dans les expériences du pendule explorateur et des lecteurs de pensées ; — association de la couleur avec la direction prouvée a) par la symbolique des couleurs dans l'espace chez différents peuples : Indous, Chinois, Javanais, etc. ; b) par la différence des temps de réaction avec la droite ou avec la gauche suivant la couleur ; c) par des statistiques sur les directions de tracés inconscients de rayons à partir d'un point sur des papiers diversement colorés ; d) par les illusions d'optique déterminées avec des carrés différemment colorés et rigoureusement égaux (les carrés jaune et bleu paraissant moins hauts que les carrés rouge et vert) ; e) par les erreurs d'appréciation de longueur de traits tracés dans une direction sous l'influence de verres colorés ; — faits anormaux d'associations d'idées du nombre, de la couleur avec la direction ; — association des

sons aigus avec le haut, des sons graves avec le bas;
ı enversement chez les Grecs.

De l'existence de la polarité et du fait de l'expression par
les appendices résulte immédiatement la nécessité des
curieuses productions de dynamogénie motrice ou d'inhibition
qu'on enregistre à la vision de mouvements dirigés en haut
et à droite d'une part ou dirigés en bas et à gauche d'autre
part; de là le sens des erreurs d'appréciation des traits vus
dans telle direction et les puissances très inégales d'un
même appendice suivant les différentes directions.

4° *La science rigoureuse et la mathématique inconsciente
de l'instinct* (résolution rigoureuse par les abeilles d'un
problème de minimum dans la construction de leurs alvéoles;
applications du principe d'Archimède par l'*arcella vulgaris;*
singes, excellents toxicologues; inoculation par certaines
guêpes d'un venin paralysant à la portion thoracique du
système nerveux d'insectes destinés à servir de proie à leurs
larves que ces guêpes ne verront jamais; connaissance parfaite et sans éducation préalable de toutes les exigences de
leur futur développement chez les larves du sitaris; connaissance parfaite et sans expérience possible des conditions
favorables à l'avenir de son espèce chez le xylocope; etc.
Chez l'homme, production artificielle de l'automatisme de
l'instinct par le somnambulisme provoqué qui supprime la
conscience et la volonté : réalisation de suggestions à des
époques rigoureusement déterminées d'avance. Tout se passe
dans ces cas comme s'il y avait chez l'être vivant une science
rigoureuse, inconsciente.)

5° *L'évolution de la sensation vers la simultanéité de représentations de plus en plus complexes dans un point de l'espace
ou dans un intervalle de temps:* (développement des gammes,
des modes grecs et de l'harmonie; évolution du sens de la
couleur vers les couleurs les plus réfrangibles, rattachée à
une évolution vers une plus grande convergence relative des
axes visuels; tendance des diapasons vers l'aigu; évolution
vers les minima perceptibles de plus en plus petits).

De la combinaison de ces principes ressortent des consé-
quences très importantes pour la transformation du problème
de la physiologie des sensations en un problème mathématique.

6. — *Transformation du problème en un problème mathématique.* — En vertu des principes de l'intelligence et
de la polarité, je suis autorisé à admettre chez l'être vivant

l'association d'excitations plus ou moins dynamogènes en elles-mêmes avec les puissances plus ou moins grandes des appendices, suivant les différentes directions dans le plan ; ces appendices jalonnent ces directions en vertu du principe de l'expression ; chaque quantité est rapportée à d'autres de même espèce également jalonnées suivant des directions en vertu du principe de la mathématique inconsciente et de la science rigoureuse de l'instinct.

D'autre part, le principe de l'évolution permet de limiter la portée du mécanisme de l'être que nous sommes conduits à considérer. Un mécanisme capable de faire varier d'une quantité infiniment petite l'étendue de son rayon oa, oa', oa'', peut empiriquement décrire une courbe quelconque a a' a'' ; si les triangles curvilignes, a r a' a' r' a'' sont égaux au minimum perceptible, les arcs de cercle, a r, a' r' se con ondent pour notre être avec les arcs de la courbe a a', a a''.

Si le minimum perceptible était constant, ce procédé de description des courbes conviendrait parfaitement à notre être intelligent ; or, c'est ce qui n'a pas lieu. Par l'évolution, le minimum perceptible tend à devenir de plus en plus petit ; il arrivera donc un instant où les angles a r a', a' r' a'' auront des côtés sensibles ; donc a a', a' a'' auront une grandeur sensible et il sera nécessaire de recourir à un angle a o α plus petit, tel que a ρ + ρ α et aα, puissent être confondus avec le minimum perceptible ; or, ce travail n'aura aucune limite, au moins idéalement, car le minimum perceptible peut décroitre au delà de toute limite. Mais tout effort idéal s'exprime : il en résulte que pour la mathématique de notre être, la description de courbes différentes du cercle serait l'occasion d'un travail infini.

Je viens de considérer le cas où le centre reste fixe : le même raisonnement s'appliquerait aux cas où le centre se déplaçant, l'être rapporterait la courbure à des arcs de cercle osculateurs ou à un contour polygonal.

Dans tous les cas, l'être considéré ne décrira que des arcs des cercles de rayons finis : son mécanisme sera assimilable à celui d'un compas.

Au point de vue de ses représentations inconscientes, il en sera de même, puisque ce n'est que par suite de l'existence du minimum perceptible, c'est-à-dire de la conscience, que

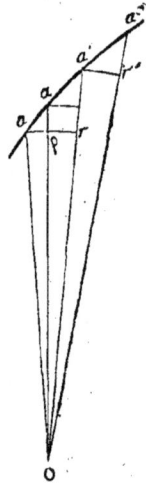

l'arc de la courbe peut s'identifier un instant avec l'arc circulaire.

Le problème de la physiologie générale des sensations peut donc se poser maintenant sous une forme nouvelle : Etant donné un mécanisme composé d'un centre muni d'appendices exprimant, par des points, sur des cycles de rayons variables, toutes les excitations et le travail physiologique correspondant, restituer la symbolique spéciale d'après laquelle, en vertu des principes établis, cet être attribue à tel excitant tel point dirigé et déterminer les conditions de continuité et de discontinuité d'action de son mécanisme, c'est-à-dire les possibilités ou les impossibilités de travail circulaire, possibilités ou impossibilités correspondant aux états subjectifs de plaisir ou de peine, d'anesthésie ou d'hyperesthésie, de dynamogénie ou d'inhibition motrices.

L'étude de la première partie du problème, c'est-à-dire de la symbolique des excitations constitue la théorie du contraste : l'étude de la seconde partie, c'est-à-dire des conditions de dynamogénie ou d'inhibition motrices constitue la théorie du rhythme et de la mesure.

7. -- *Le Contraste.* — La qualité est ce qui différencie les choses : la quantité est ce qui les rapproche. Un rouge et un bleu n'ont pas de rapport pour notre œil : pour le physicien ce sont simplement des longueurs d'onde différentes d'un fluide hypothétique. Nos sens nous offrent une infinité de données sur la qualité, très peu de précises sur la quantité. Mais instinctivement, quand nous voulons préciser le degré de ressemblance ou de différence de deux choses, leur *analogie*, nous cherchons à représenter ce degré par des quantités. Nous disons de deux êtres de deux caractères, de deux qualités très différentes : *ils sont aux antipodes.* Les antipodes, c'est le point le plus éloigné du lieu où nous sommes, que nous puissions atteindre sur la terre. Nous représentons le maximum de différence de qualité par un maximum de différence quantitative. Dans la vie pratique et dans l'art, il n'y a d'intéressant pour nous que la qualité : le terme de toute étude scientifique est une quantité.

Par quelles quantités l'être circulaire que nous venons de définir représentera-t-il les qualités les plus différentes possible ? Pour pouvoir préciser ces quantités il nous faut caractériser son état normal. Considérons comme caractéristiques de l'état normal la tendance à l'action et au changement d'action que l'on constate chez tous les êtres jeunes et reposés; nous pouvons facilement déterminer les plus grandes sections de circonférence que notre être, avec son rayon pour unité de mesure, peut décrire, sans rencontrer de répétition, dans l'appréciation de ces tracés par le plus court chemin, c'est-à-dire par la corde qui sous-tend ces arcs ou par le côté du polygone inscrit dans la circonférence.

Il y a deux cas à considérer : le point de vue *successif* dans lequel il y a tracé successif par un seul appendice, le point de vue *simultané*, dans lequel il y a des tracés simultanés par deux appendices. Le 1/6 de circonférence dont la corde est le côté de l'hexagone régulier, c'est-à-dire une répétition pure et simple du rayon est évidemment un *minimum de contraste successif*. D'autre part, le 1/2 de la circonférence dont la corde est le diamètre, c'est-à-dire une répétition pure et simple de deux rayons, est un autre minimum ; donc le 1/3 de la circonférence, dont la corde est le côté du triangle équilatéral et introduit par rapport au rayon la $\sqrt{3}$, représente le *maximum de contraste successif*, c'est-à-dire le plus grand chemin que notre être puisse tracer successivement, sans rencontrer de répétition dans l'appréciation de son tracé, et qu'il associe donc inséparablement avec les plus grandes différences possibles en considérant successivement deux objets.

Au point de vue simultané, le plus grand chemin que puissent décrire deux appendices en s'éloignant de leur point de départ et de tangence est le 1/4 de circonférence, dont la corde, le côté du carré inscrit, introduit par rapport au rayon la $\sqrt{2}$; c'est le *maximum de contraste simultané*. Le plus petit chemin est le 1/2 de la circonférence dont la corde, le diamètre, n'est que la répétition pure et simple des deux rayons : c'est le *minimum de contraste simultané*. Notre être associera inséparablement ce maximum et ce minimum avec les différences les plus grandes et les plus petites possibles qu'il rencontre en considérant simultanément deux objets.

Notre être est doué d'une mathématique rigoureuse inconsciente : quelles sont les opérations mathématiques auxquelles il associera ses tracés successifs ou simultanés?

La convention que, bien avant Descartes, ont adoptée les Etrusques et les Latins quand, dans leurs systèmes de chiffres, ils donnaient à des barres situées à gauche d'un signe une valeur soustractive (IV = 4), à des barres situées à droite une valeur additive (VI = 6) prouve qu'on a associé instinctivement à des grandeurs comptées successivement à partir d'une origine dans un certain sens (la droite) l'addition et à des grandeurs comptées successivement en sens inverse la soustraction. Voici quelques exemples empruntés à des inscriptions étrusques : IV, 4 ; IIX, 8 ; IX, 9; XIV, 14 ; XIIX, 18 ; XXIIX, 28 ; XLV, 45 ; XXC, 80 ; XC, 90 ; VIC, 94 ; VC, 95. (1)

La multiplication peut être considérée comme une addition dont les termes sont hétérogènes. Si je rencontre successivement des vélocemen sur 4 triplettes et si je considère uniquement les velocemen, pour savoir le nombre de velocemen rencontrés, je les ajoute et je trouve 12 velocemen. Si je considère simultanément les velocemen et les machines, comme sur chaque machine il y a trois velocemen, pour savoir le nombre de velocemen rencontrés, je multiplie le nombre des velocemen de la première machine par le nombre des machines, j'associe deux quantités hétérogènes, velocemen et machine. En vertu de sa polarité, la seule hétérogénéité que présente notre être est dans ses différentes directions jalonnées par ses appendices : la multiplication sera donc associée à des tracés simultanés de groupes d'arcs de cercle, au moyen de la droite et de la gauche, chaque groupe exprimant le nombre d'unités du facteur. Pour notre être, multiplier 3 par 4, c'est exécuter 3 en un temps 4 fois plus grand que le temps moyen nécessaire au tracé de 3. Notre être symbolisera par ces modes de tracés cette opération mathématique et réciproquement aura une suggestion de cette opération à chaque exécution de tracés simultanés par ses appendices.

Si l'unité d'un des groupes est une fraction de l'unité de l'autre, la simultanéité des tracés sera associée à la division. Diviser 3 par 4, c'est exécuter 3 en un temps 4 fois plus petit que le temps moyen nécessaire au tracé de 3.

L'élévation aux puissances est un cas particulier de la multiplication : c'est la réalisation d'un tracé simultanément à lui-même 1, 2, 3,... n fois dans l'unité de temps.

L'extraction des racines, comme la division, correspond à un changement d'unité : si après avoir fait un tracé a c pendant une seconde avec un appendice, l'être veut l'exécuter en une demi-seconde, à l'instant où un premier appendice part de a, un second appendice devra partir d'un certain point b ; à l'instant où le premier arrive en b, le second devra être parvenu en c, terme du tracé à exécuter ; chacun des chemins

---

(1) Étude sur l'origine de la convention dite de Descartes (*Revue archéologique,* avril 1878).

parcourus *ab*, *bc* égal à l'autre et synchrône à celui-ci, symbolise la racine carrée du nombre représenté par *ac* : en général la racine n^e de *ac* est symbolisée par la mise en jeu synchrone de *n* appendices en $1/n^e$ du temps moyen nécessaire pour le tracé symbolique de *ac*.

Il est facile avec ces associations d'idées fondamentales de préciser les actions de notre être correspondant à une opération mathématique quelconque et réciproquement de fixer les opérations mathématiques associées pour lui à des modes quelconques de tracés suggérés par la réalité. Notre être réalise rigoureusement le mot de Platon : il géométrise toujours. De ses convenances on peut déduire directement des formules mathématiques par une voie nouvelle, comme de formules mathématiques on peut déduire ses continuités d'action ou ses empêchements dans les tracés qu'il exécute pour les représenter suivant ses convenances.

Il m'est impossible de relater ici des applications de ces méthodes : je ne dois rappeler que les notions indispensables à l'intelligence des moyens par lesquels on peut prévoir les illusions d'optique essentielles et déduire les règles fondamentales de l'esthétique des formes.

De l'existence de points remarquables du cercle au point de vue du contraste successif et du contraste simultané ressort pour notre être l'importance prépondérante d'un rapport qui joue dans la théorie de la musique un rôle considérable, le rapport 3/2. En effet, nous avons vu qu'en traçant son cercle complet, il rencontre trois points remarquables au point de vue du contraste successif : supposons qu'il exécute en même temps, à partir des points opposés du diamètre vertical, par ses deux appendices supérieurs et inférieurs, des tracés simultanés : le maximum de contraste simultané en haut et en bas est 1/4 de circonférence : mais dans ce cas les points marqués par l'appendice supérieur gauche et l'appendice inférieur droit d'une part, par l'appendice supérieur droit et l'appendice inférieur gauche d'autre part sont sur le même diamètre : ils contrastent au minimum simultanément : mais, en vertu du principe de la tendance à l'action et au changement d'action, notre être ne peut garder ces situations des appendices : il ne peut davantage rabattre ces diamètres sur le diamètre horizontal : au lieu de deux contrastes minima simultanés, il n'y aurait plus qu'un seul contraste minimum simultané ; quelles que soient les positions finalement adoptées par les appendices dans ce mode de tracés, elles seront toujours par définition symétriques par rapport au diamètre vertical ; il y aura toujours des con'r.istes minima : donc, par suite de la tendance au changement d'action, il substituera au point de vue simultané le point de v.ic successif qui permet des dissymétries en haut en bas : un des appendices jalonnera l'origine, l'autre la fin du tracé égal à 1/3 de circonférence : il s'introduit par le contraste successif substitué au contraste simultané deux nouveaux tiers de circonférence, *simultanément* aux trois premiers introduits par le contraste successif. Comme il s'agit de représentations simultanées, et que le temps d'exécution des tracés des trois tiers de circonférence. doit être minimum puisqu'il s'agit de déterminer une unité de rapport, on trouve pour cette unité le quotient 3/3 : 2/3 = 3/2.

Un autre rapport, celui de 1 à 2, s'introduit également en vertu de convenances fondamentales. Considérons un grand cercle tracé par les quatre appendices convenablement coordonnés dans un sens normal, l'appendice supérieur droit étant dirigé de haut en bas comme le plus fort, et les autres appendices prenant relativement à celui-ci l'orientation qu'ils prennent dans la marche.

Tout tracé, sur la demi-circonférence d'en haut par exemple, à partir d'un point (puisque il y a contraste minimum simultané entre deux points situés à l'extrémité d'un même diamètre) est associé à un tracé sur la demi-circonférence d'en bas à partir du point opposé (les associations d'idées d'analogie sont évidemment exprimées par les maxima et minima de contraste) ; or, la demi-circonférence peut être considérée comme unité puisqu'elle est limitée comme un cercle quelconque par deux points de contraste minimum ; donc, toute puissance de 3/2 inférieure à 1 marquée sur la demi-circonférence en question sera multipliée par 2, le facteur le plus simple imposé par la différentiation de la droite et de la gauche, autant de fois qu'il est nécessaire pour qu'elle soit plus grande que 1 et plus petite que 2 : toute puissance de 3/2 supérieure à 2 sera divisée par 2 autant de fois qu'il est nécessaire pour qu'elle soit plus grande que 1 et plus petite que 2. C'est la réduction à la même octave.

Dans le cas de l'immobilité d'un des appendices, le maximum de contraste au point de vue simultané est évidemment 1/8 de circonférence, puisque dans le cas de la mobilité il est 1/4. Si notre être veut représenter sur son cercle le rapport 3/2 = 1,5, il figurera le nombre 1 sur l'origine et le nombre 1,5, en un point distant de 1/8 de circonférence de ce point de départ sur le cercle compté en sens inverse, ε f n d'obtenir le maximum de chemin pour figurer les rapports plus petits que 3/2. Il résulte de là un système de représentation très remarquable qui a une grande importance dans la théorie des couleurs et constitue le cercle chromatique. Chaque point distant de 45°, comme il s'agit de représentations simultanés, figure un rapport qui, élevé à la 7e puissance, doit reproduire 3/2. Ce nombre est une puissance de 3/2 multipliée ou divisée par 2, autant de fois qu'il est nécessaire pour que ce nombre soit plus petit que 2 et plus grand que 1.

Si notre être veut représenter sur son cercle les puissances positives ou négatives de 3/2, une limitation au nombre de ces puissances s'impose. Le nombre 12 est le produit à la fois des deux minima de contraste successif et simultané (6×2) et des deux maxima (4×3); le point initial final de toute circonférence sera associé à ce nombre 12, en ce sens que ce point à la fois n'est qu'une répétition pure et simple du rayon, si l'être y persiste (minimum de contraste) et a fourni les maxima de contraste quand l'être y revient. Les douze premières puissances positives ou négatives de 3/2 jouent un grand rôle dans la théorie de la musique; le nombre $(3/2)^{12}$ réduit à l'octave = 1,0136 est le *comma pythagorique*.

8. — *Le rythme et la mesure*. — La théorie du contraste a pour résultat de situer suivant des lois particulières à chaque groupe de sensations sur le rayon et sur la circonférence les différentes excitations. L'étude des variations d'excitation dynamogènes ou inhibitoires est l'objet des théories du rythme et de la mesure; la théorie du rythme précise les sections de circonférence et la théorie de la mesure les multiples de l'unité de longueur qui sont dynamogènes ou inhibitoires.

Tout tracé ayant une droite et une gauche est associé au nombre 2 : une infinité de tracés simultanés, c'est-à-dire une dynamogénie maximum, est associée à une puissance infinie de 2, 2^n. Mais cette dynamogénie simultanée peut toujours se décomposer en dynamogénies successives : $2^v + 2^h$. Cette somme ne représente véritablement de la dynamogénie successive, en vertu des théorèmes fondamentaux sur les opérations mathématiques, que si $2^v + 2^h$ est un nombre premier : pour cela v ou h = 0 et la somme précédente devient $2^n + 1$ premier. Il y aura donc dynamogénie chaque fois que les sections de circonférence seront des nombres des formes $2^m, 2^n + 1$ (premier) ou des produits de ces formes $2^p (2^q + 1)(2^r + 1)$.

Le même théorème s'applique aux multiples de l'unité de longueur.

On arrive aux mêmes conclusions en partant de la célèbre théorie de Gauss sur la division du cercle et en considérant que le mécanisme de notre être est assimilable à celui du compas. On sait qu'il est une infinité de polygones inscriptibles par le compas et une infinité de non-inscriptibles: sont inscriptibles par le compas tous ceux dont les nombres de côtés sont une puissance de 2, ou un nombre premier égal à une puissance de 2 augmentée de l'unité ou le produit d'une puissance de 2 par un ou plusieurs nombres de ces formes; par exemple, sont inscriptibles par le compas les polygones de 3, 4, 5, 6, 8, 10, 12, 15, 16, 17, etc., côtés ; au contraire des polygones de 7, 9, 11, 13, 14, etc., côtés exige la construction d'une conique ; il s'agit évidemment d'une inscription rigoureuse et non de procédés empiriques inexacts. En présence des polygones réguliers non inscriptibles par le compas, nous serons donc empêchés; en présence des polygones réguliers inscriptibles, nous serons capables d'opérer avec notre mécanisme les constructions géométriques nécessaires. Ceux-ci tendront à accroître nos réactions motrices et nous seront agréables, déterminant en conséquence une anesthésie relative ; ceux-là tendront à diminuer nos réactions motrices et nous seront désagréables, déterminant une hyperesthésie relative, du moins chez les sujets normaux.

Nous pouvons aborder maintenant l'étude du contraste et du rhythme dans les formes et voir dans quelle mesure les prévisions théoriques sont vérifiées par l'expérience.

II

LE CONTRASTE

9. — *Inégalités de contraste suivant la situation*. — Nous avons distingué, sans les désigner par leurs noms, les trois modes d'action de notre être : 1° les *cycles continus*, de rayón très petit, qu'il peut décrire avec un seul de ses appendices sans interruption ; 2° les *cycles relativement discontinus*, de rayon très grand, qu'il ne peut décrire qu'avec le concours de deux ou quatre appendices et qui admettent, suivant les cas, deux ou quatre points d'interruption se réduisant finalement à deux ; 3° enfin, les *cycles absolument discontinus*, de rayon dépassant son rayon d'action, qu'il ne peut tracer que par points avec déplacement du centre et qui admettent une infinité de points d'interruption. Les premiers conviennent à la figuration du rapport $\frac{3}{2}$; les seconds à la figuration de la série des puissances 1 à 12 de $\frac{3}{2}$; les troisièmes conviennent à la figuration de quantités que nous n'avons pas à considérer dans l'esthétique des formes, mais qui jouent un grand rôle dans la théorie du sens des températures et qui conduisent à des échelles thermométriques nouvelles.

Considérons (fig. 1) un cycle continu de gauche à droite en

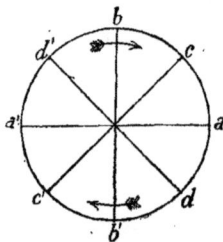

Fig. 1.

haut (*cycle* désigne un cercle dirigé dans un sens déterminé) comme l'indique la flèche. Lorsque l'appendice de notre être passe en b', il passe à la fois de droite à gauche et de haut en bas ; en d', il *tend* à passer de bas en haut et de gauche à droite car sa distance au point b est inférieure au $\frac{1}{6}$ de circonférence, le minimum du contraste successif, et au point b il *rencontrera* ces doubles différences : en c', il *tend* de bas en haut et de droite à gauche, car sa distance du point b' est inférieure au 1/6 de circonférence, et au point b' il a rencontré ces doubles différences ; en a' il passe simplement de bas en haut. En c' il tend vers a', dont il est distant d'un angle inférieur au minimum de contraste successif et en a' il trouve simplement la différence de bas en haut : donc le contraste en c' est moindre qu'en d'. Si l'on classe les points dans l'ordre des différences rencontrées à leur niveau on trouve : b', d', c', a'. Mais il y a, si l'on considère l'intervalle des deux points placés à l'extrémité de mêmes diamètres, d'autant plus de chemin apparemment parcouru entre eux que les changements de direction en un de ces points ou suggérés par ce point seront plus nombreux et auront impliqué ou impliqueront la mise en jeu réelle ou virtuelle de plus d'appendices : donc, en appelant complémentaires les points opposés d'un même diamètre, on peut conclure que dans le type des cycles continus : 1° les angles des complémentaires varient dans l'ordre suivant : verticale, oblique inclinée à gauche, oblique inclinée à droite horizontale ; 2° les grandeurs apparentes de ces diamètres varient dans le même ordre. La 1re déduction s'applique aux rapports des longueurs d'onde des couleurs dans le cas des couleurs-lumières, la seconde aux lignes, dans le cas de la vision directe, sans déplacement des yeux ou de la tête.

Considérons (fig. 2) un grand cycle relativement discon-

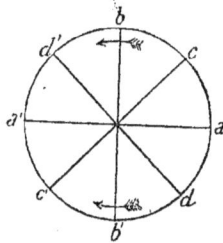

Fig. 2.

tinu, dirigé en haut et en bas, de droite à gauche, comme l'indiquent les flèches, décrit par la coordination des quatre appendices convenablement orientés, c'est-à-dire dans des sens conformes aux caractères dynamogène de la droite, inhibitoire de la gauche. Lorsque l'appendice de notre être passe en b', il passe à la fois réellement de droite à gauche et de haut en bas ; en a' il passe de bas en haut ou de haut en bas, en même temps de droite à gauche, mais idéalement, en souvenir, *puisque l'origine de son tracé est à droite*, en a ; en d', il tend vers ces différences moindres après avoir rencontré en b des différences plus considérables ; en c' il est dans le même cas avec cette différence qu'en d' il n'a à exécuter aucun travail pour atteindre a', ce qui n'a pas lieu en c' ; il tendra donc en d' à continuer le mouvement, ce qui ne se fera pas en c' ; l'angle des complémentaires dd' sera plus grand que l'angle cc', la droite dd' apparemment plus grande que la droite cc'. Si on classe les points dans l'ordre des différences rencontrées à leur niveau, on trouve : b', a', d', c'.

Dans le type des cycles relativement discontinus : 1° les angles des complémentaires varient dans l'ordre suivant : verticale, horizontale, oblique inclinée à gauche, oblique inclinée à droite : 2° les grandeurs apparentes de ces diamètres varient dans le même ordre. La 1re déduction s'applique aux intensités relatives des couleurs pigments complémentaires, c'est-à-dire aux rapports de leurs surfaces dans les disques rotatifs, la 2e, aux lignes dans le cas de la vision avec déplacement des yeux et de la tête.

10. — *Mesure des inégalités de contraste dans les lignes.* — Quels nombres notre être sera-t-il conduit, en vertu de ses convenances, à associer avec ces contrastes différents des lignes suivant leurs situations ? Il y a là des différences de *qualité*, qui, comme je l'ai expliqué, doivent se mesurer par des différences de quantité.

Il associe inséparablement des points dirigés et des nombres ; les points opposés sur un même diamètre dans le type des cycles continus figurent les rapports $1,224 = \left(\frac{3}{2}\right)^4$ ramené à l'octave et divisé par $\left(\frac{3}{2}\right)^{12.4}$, c'est-à-dire par la 4me puissance du comma (à cause des points d'interruption introduits par la mise en jeu simultanée de quatre appendices et de l'association d'un point d'interruption sur un cycle avec le rapport $\left(\frac{3}{2}\right)^{12}$ pour les raisons indiquées § 7, p. 11) ; les points opposés sur un même diamètre dans le type des cycles relativement discontinus figurent le rapport $1,42 = \left(\frac{3}{2}\right)^6$ ramené à l'octave et divisé par $\left(\frac{3}{2}\right)^{12.6}$. Ces nombres, $1,22$ et $1,42$ sont les rapports qui conviendraient aux couples de complémentaires, quelles qu'elles soient, si le contraste n'existait pas. Ce sont les valeurs des diamètres vus sans erreur. Mais le contraste existe : quels rapports DIFFÉRENTS de ceux-là, notre être, libre de constituer ses lois d'après ses convenances limitées par les principes, adoptera-t-il pour marquer les différents contrastes? Il cherchera évidemment les rapports les plus *différents* possible de ceux-ci ; mais il y aura deux points de vue : dans le type de cycles continus, de rayon très petit, *tout* le cycle peut être tracé simultanément, les appendices étant séparés l'un de l'autre de distances inférieures au minimum perceptible ; dans le type des cycles relativement discontinus, les appendices étant séparés par des distances notables, le tracé du cycle exige des tracés successifs : donc, dans le 1er cas, notre être cherchera les rapports les plus différents de $\left(\frac{3}{2}\right)^4$ au point de vue simultané ; dans le 2e cas, les rapports les plus différents de $\left(\frac{3}{2}\right)^6$ au point de vue successif.

Portons donc sur le cycle figuratif des puissances $\left(\frac{3}{2}\right)$ [1,2...12] le rapport $\left(\frac{3}{2}\right)^4$ (fig. 3) ; cela fait, en vertu du principe de la ten-

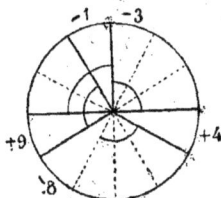

Fig. 3.

dance au changement d'action, notre être changera le sens de ses tracés ; le maximum de contraste *simultané* ($\frac{1}{4}$ de circonférence) avec le diamètre horizontal, origine du tracé figuratif de $\left(\frac{3}{2}\right)^4$, est la fin du tracé figuratif du rapport $\left(\frac{3}{2}\right)^{-3}$; en continuant ce mouvement rétrograde, on rencontre un autre maximum de contraste simultané avec la fin du tracé de $\left(\frac{3}{2}\right)^4$, la fin du tracé du rapport $\left(\frac{3}{2}\right)^{-8}$. Si, toujours en vertu du principe de la tendance au changement d'action, on prend pour origine l'origine normale du tracé direct du cycle, c'est-à-dire le rayon vertical supérieur, on trouve comme contrastant simultanément au maximum avec l'origine de $\left(\frac{3}{2}\right)^{-8}$, la fin du tracé figurant le rapport $\left(\frac{3}{2}\right)^{-1}$ et comme contrastant simultanément au maximum avec la fin du tracé de $\left(\frac{3}{2}\right)^{-3}$, la fin du tracé $\left(\frac{3}{2}\right)^{-9}$. Nous avons ainsi des rapports les plus différents possibles entre eux et du rapport $\left(\frac{3}{2}\right)^4$ au point de vue simultané, dont la convenance s'imposait par le type du tracé. Ce sont les rapports qu'il fallait découvrir : ce sont ces rapports qui dans leur ordre de grandeur mesureront les contrastes différents des angles des complementaires suivant la situation des points ou les grandeurs apparentes de la verticale $\left(\frac{3}{2}\right)^{-1} = 1,33$, de l'oblique inclinée à gauche $\left(\frac{3}{2}\right)^{-3} = 1,25$, de l'oblique inclinée à droite $\left(\frac{3}{2}\right)^{0} = 1,20$, de l'horizontale $\left(\frac{3}{2}\right)^{-3} = 1,18$ dans le type des tracés continus.

Portons maintenant sur le cycle figuratif des puissances $\left(\frac{3}{2}\right)^{1,2\ldots12}$ le rapport $\left(\frac{3}{2}\right)^{6}$ (fig. 4) ; nous pouvons le porter

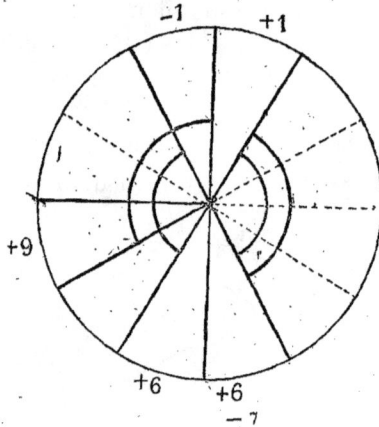

Fig. 4.

à la fois à droite et à gauche du diamètre vertical ; le sens du mouvement à partir de l'origine est indifférent à cause de la figuration possible de $\left(\frac{3}{2}\right)^{6}$ de chaque côté de ce diamètre. Le principe de la tendance au changement d'action qui dans le cas précédent faisait rebrousser d'abord notre être n'est plus applicable. Il prendra donc immédiatement pour origine l'origine du mouvement, c'est-à-dire le rayon vertical supérieur ; on trouve comme contrastant au maximum successif (1/3 de circonférence), avec l'origine du tracé de $\left(\frac{3}{2}\right)^{6}$ la fin du tracé figuratif de $\left(\frac{3}{2}\right)^{+1}$ et comme contrastant au maximum successif avec l'origine du tracé figuratif à gauche de $\left(\frac{3}{2}\right)^{6}$ la fin du tracé figuratif de $\left(\frac{3}{2}\right)^{-1}$. Il ne s'agit plus que de trouver les rapports contrastant au maximum avec ces deux derniers : continuant le mouvement dans le sens positif, on trouve $\left(\frac{3}{2}\right)^{+9}$ dont l'origine contraste au maximum avec la fin de $\left(\frac{3}{2}\right)^{+1}$ et dans le sens négatif on trouve $\left(\frac{3}{2}\right)^{-7}$ dont la fin contraste au maximum avec la fin de$\left(\frac{3}{2}\right)^{+1}$. Nous avons les 4 rapports$\left(\frac{3}{2}\right)^{-7}=$ 1,872 ; $\left(\frac{3}{2}\right)^{1}=1,5$; $\left(\frac{3}{2}\right)^{-1}=1,32$; $\left(\frac{3}{2}\right)^{0}=1,2$ représentant respectivement les angles des complémentaires ou les grandeurs apparentes de la verticale, de l'horizontale, de l'oblique inclinée à gauche, de l'oblique inclinée à droite dans le type des tracés relativement discontinus.

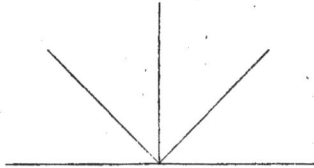

Fig. 5.

Les nombres 1,33, 1,25, 1,20, 1,18 qui, dans le 1er type de tracés, expriment les grandeurs apparentes des rayons pour les quatre directions que nous appellerons principales, doivent être réduits proportionnellement; en effet, lorsque notre être réalise le rayon apprécié exactement, il a la double notion simultanée de tous les rayons successivement réalisés dans les deux sens et du nombre de ces rayons, autrement dit, d'après la théorie de la division, (p. 8) la notion du *temps moyen* de réalisation d'un rayon : par cela même que le rayon considéré est apprécié exactement, il n'y a aucune cause le forçant d'employer à le réaliser un temps plus grand ou plus petit que le temps moyen ; il le réalisera donc en ce temps moyen ; autrement dit, le rayon apprécié exactement auquel est associé le nombre 1,22 devra être la moyenne arithmétique des nombres des rayons principaux : en conséquence, ces nombres 1,33, 1,25, 1,20, 1,18 deviennent 1,31, 1,23, 1,18, 1,16.

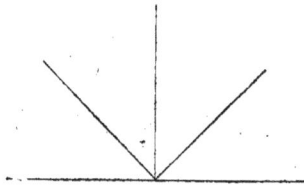

Fig. 6.

Le même raisonnement conduit à réduire proportionnellement les nombres 1,87, 1,50, 1,32 1,20 qui expriment les grandeurs apparentes des rayons principaux dans le 2⁰ type de tracés, de façon que leur moyenne arithmétique soit égale à 1,42 le nombre exprimant la ligne de contraste nul ou appréciée exactement. Mais afin de mieux voir les rapports entre les illusions d'optique de la vision directe et les illusions d'optique dans le cas de mouvement des yeux et de la tête, nous réduirons le nombre 1,42 à la valeur de la ligne de contraste nul dans le 1ᵉʳ type de tracés = 1,22 ; bien entendu, les unités de mesure sont beaucoup plus grandes dans ce cas que dans le premier ; les valeurs 1,87, 1,50, 1,32, 1,20 deviennent 1,56, 1,25, 1,10, 1,00.

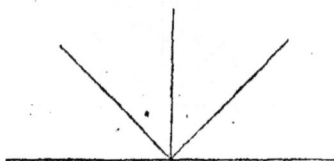

Fig. 7.

11. — *Contraste des angles.* — Les inégalités, suivant la direction, de grandeur apparente des rayons entraînent les inégalités de grandeur apparente des angles compris entre eux : à l'arc de cercle de contraste nul est substitué par le contraste des côtés un arc de spirale auquel est égal un arc de cercle compris entre des rayons de longueur égale à la moyenne arithmétique des rayons apparents. Il y a des angles vus exactement ; ce sont ceux compris entre les rayons vus exactement ; tous les autres, compris entre des rayons vus avec des erreurs de contraste, paraissent plus grands ou plus petits qu'ils ne sont, car leurs arcs sont rapportés à ceux qui mesurent les angles dont les côtés sont vus exactement, au cercle de contraste nul.

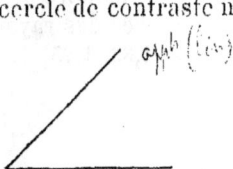 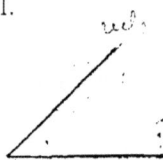 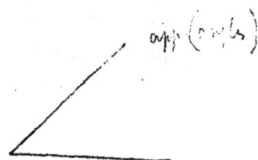

Fig. 8.   Fig. 9.   Fig. 10.

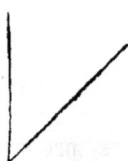  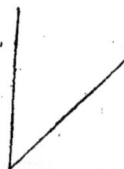

Fig. 11.   Fig. 12.   Fig. 13.

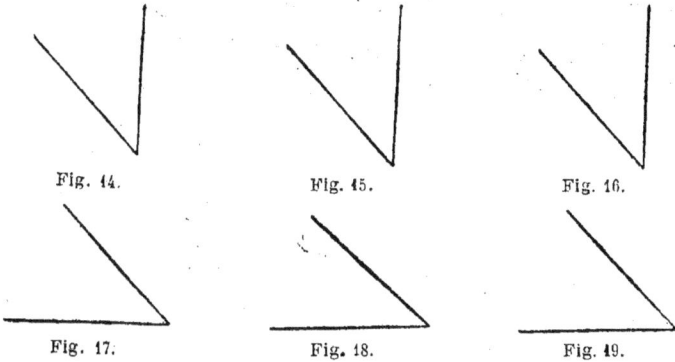

Fig. 14.   Fig. 15.   Fig. 16.

Fig. 17.   Fig. 18.   Fig. 19.

12. — *Les deux problèmes du contraste des formes.* — Nous pouvons résoudre maintenant les deux problèmes essentiels du contraste des formes :

I. *Déterminer les erreurs normales d'appréciation d'une droite ou d'un angle dont la vision exige ou non des déplacements des yeux.*

II. *Déterminer les corrections nécessaires pour produire l'apparence d'une valeur donnée dans une droite ou dans un angle dont la vision exige ou non des déplacements des yeux.*

I. Soient r_0, r_1 deux rayons principaux (distants de 45°) et comptés de droite à gauche, à partir de l'horizontale, r un rayon compris entre eux et distant de r_1 de l'angle θ estimé en degrés ; on a

$$(1)\quad r = r_1 + (r_0 - r_1)\frac{\theta}{45}.$$

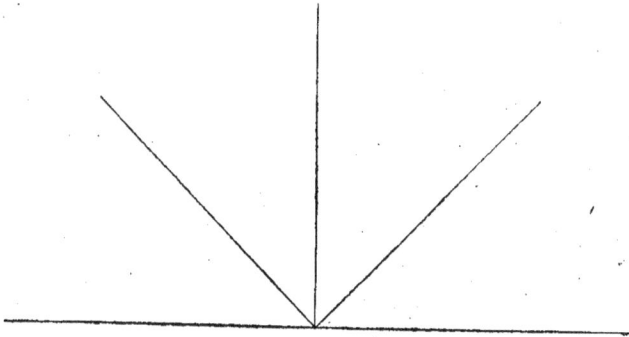

Fig. 20.

Soit ρ le rayon vu exactement : on a également, en désignant par η l'angle compris entre ρ et r_1 :

$$\rho = r_1 + (r_0 - r_1)\frac{\eta}{45}.$$

Cette équation résolue par rapport à η nous permet de fixer les situations de rayons vus exactement dans les deux types de tracés (vision directe, vision avec mouvement des yeux). Les rayons sont vus exactement à 58°,84 à partir de l'horizontale à droite, et à 40° à gauche dans le 1er cas : à 5°,4 et à 62°,7 à droite à partir de l'horizontale et à 58°,6, et à 6° à gauche dans le 2e cas.

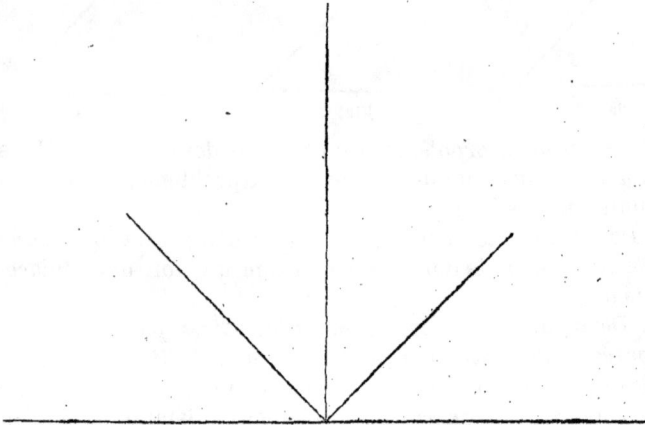

Fig. 21.

Soit P une droite dont la situation est connue ; sa valeur apparente R est donnée par la relation

$$R = P\,\frac{r}{?}.$$

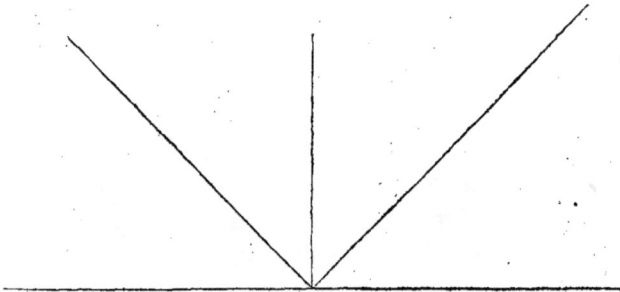

Fig. 2',

Réciproquement, connaissant la valeur réelle P, on a sa valeur apparente R par l'équation

$$P = R_1 + (R_0 - R_1)\,\frac{\eta}{45}.$$

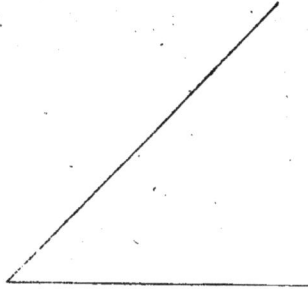

Fig. 23.

La fraction $\frac{r}{\rho}$ mérite un nom : c'est l'*erreur d'appréciation* d'un rayon quelconque : on tire de l'équation (1) sa valeur :

$$\frac{r}{\rho} = \frac{r_1}{\rho} + \frac{(r_0 - r_1)}{\rho.45}. \; \theta$$

que nous pouvons écrire

$$\frac{r}{\rho} = K + K' \theta,$$

en désignant respectivement par K et K' les termes constants.

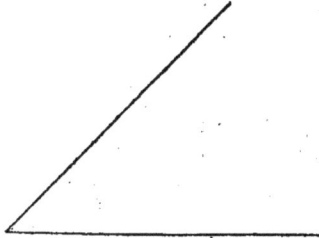

Fig. 24.

Le tableau suivant renferme les valeurs de K et de K' pour les quatre demi-quadrants comptés de droite à gauche à partir de l'horizontale dans les deux types de tracés :

VISION DIRECTE		VISION AVEC MOUVEMENTS DES YEUX	
K	10 K'	K	10 K'
0,967	— 0,0364	0,82	+ 0,455
1,07	— 0,236	1,28	— 1,02
1,008	+ 0,145	0,902	+ 0,838
0,951	+ 0,127	1,02	— 0,273

Les grandeurs apparentes des angles sont proportionnelles aux grandeurs apparentes des côtés, d'après ce que l'on a vu (§ 11) : si a désigne l'angle apparent, α l'angle réel, r et r' les rayons apparents entre lesquels est compris cet angle, on a :

$$(2) \qquad a = \alpha \left(\frac{r + r'}{2\rho} \right).$$

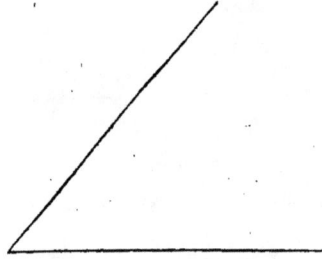

Fig. 25.

Dans le cas où l'angle est dans un demi quadrant, on a, en utilisant la relation (1) :

$$a = \frac{\alpha}{2} \left[\frac{2\,r_1}{\rho} + \frac{r_0 - r_1}{\rho} \, \frac{(\theta + \theta')}{45} \right]$$

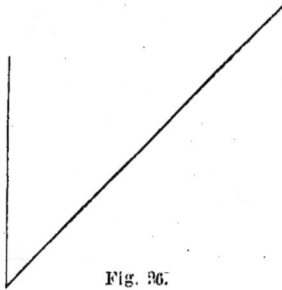

Fig. 26.

En se servant des constantes K et K' calculées ci-dessus, cette expression est d'un calcul très rapide.

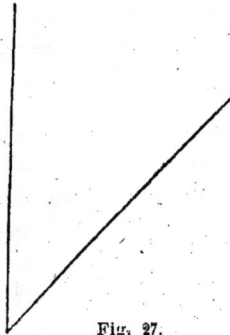

Fig. 27.

Réciproquement on a pour l'angle réel α, connaissant sa valeur apparente a :

$$\alpha = \frac{a\,2\,\rho}{r+r'} = \frac{a\,2\,P}{R+R'}.$$

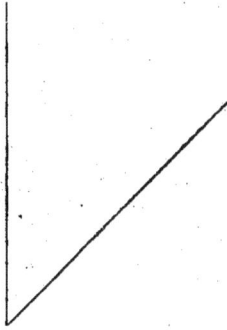

Fig. 28.

II. — Appelons α', ρ' les valeurs des rayons et des angles qui donneront à α et ρ, les valeurs réelles, l'apparence ρ et α. On a :

$$(3)\quad \rho' = \frac{\rho^2}{r}; \quad (4)\quad \alpha' = \frac{\alpha^2}{a}.$$

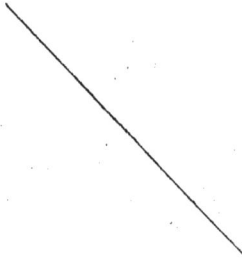

Fig. 29.

Les figures 5-34 sont l'illustration de ces calculs : les figures 5-19, qui se rapportent au cas de la vision directe montrent combien pour un œil qui n'a pas subi une éducation spéciale de l'exactitude dans l'appréciation des rapports géométriques, les prévisions théoriques sont vérifiées : j'engage le lecteur à les regarder de très loin, afin d'avoir les images rétiniennes le plus petites possible. Les fig. 20-34 qui se rapportent au cas de la vision avec des mouvements des yeux doivent être observées, non à la distance de la vision distincte, mais comme collées contre l'œil et vues à travers un très-petit

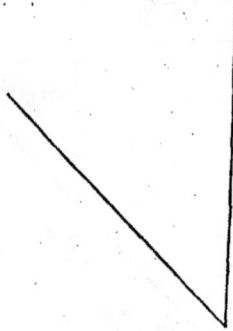

Fig. 30.

trou percé dans une carte, de façon à reproduire autant que possible les conditions de l'observation des grandes dimensions : d'ailleurs les expériences ne sont jamais, même avec

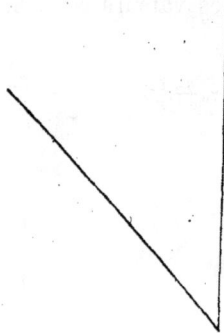

Fig. 31.

cet artifice, aussi concordantes avec la théorie que lorsqu'on considère et compare des dimensions connues de grands monuments ou simplement les dimensions d'une grande pièce.

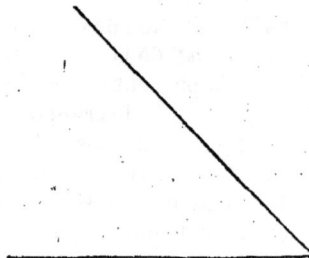

Fig. 32.

La fig. 5 présente des rayons *égaux* entré eux et à 122 ; la fig. 6 des rayons *inégaux*, avec pour valeurs réelles les longueurs apparentes des rayons de la fig. 5 : la figure 7 présente des rayons *inégaux*, mais avec les longueurs suivantes telles

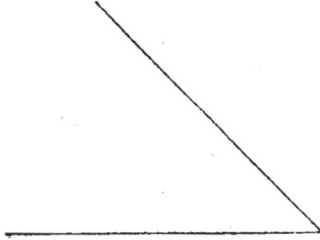

Fig. 33.

qu'ils doivent paraître *égaux* à 122 et entre eux : 128, 126, 113, 121, 128, calculées par la formule (3). Les figures 8, 11, 14, 17 présentent des angles de 45° *apparents* que l'on a rendus tels en donnant respectivement aux côtés, d'après la formule (3), les valeurs 128, 126 ; 126, 113 ; 113, 121 ; 121, 128 ; les figures 9, 12, 15, 18, des angles *réels* de 45°, de côtés égaux à 122, mais qui ne paraissent pas tels ; enfin les figures 10, 13, 16, 19 présentent des angles *apparents* de 45° que l'on a rendus tels, en leur donnant d'après la formule (4) respectivement les valeurs 46°,9 ; 44°,1 ; 43°,2 ; 46°, mais en conservant la longueur des côtés = 122.

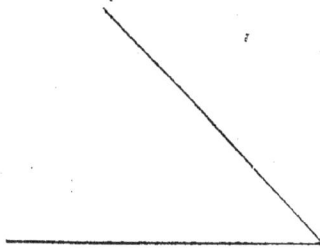

Fig. 34.

Les figures 20-34 sont la répétition des mêmes expériences pour les formes de grandes dimensions destinées à être vues avec des mouvements des yeux et de la tête. La fig. 20 présente des rayons *égaux* ; la figure 21, des rayons *inégaux* avec les longueurs apparentes de ceux de la fig. 20, toujours dans les conditions indiquées ; la fig. 22 des rayons *inégaux* avec les valeurs qui doivent les rendre apparemment égaux entre eux et à 122 : c'est-à-dire 119, 148,84; 95; 135; 119. Les figures 23, 26, 29, 32 présentent des angles de 45° *apparents* que l'on a rendus tels en donnant respectivement aux côtés les valeurs 119, 148, 8; 148, 8, 95; 95, 135; 135, 119. Les figures 24, 27, 30, 33 sont des angles *réels* de 45°, de côtés égaux à 122, mais qui ne paraissent pas tels ; enfin les figures 25, 28, 31, 34, des angles *apparents* de 45° que l'on a rendus tels en leur donnant respectivement les valeurs 48°,8; 42°,8; 41°,2; 46°, 5, mais en conservant la longueur des côtés = 122.

Cette profonde différence des lois du contraste suivant la vision directe ou la vision avec des mouvements des yeux et de la tête explique un fait bien connu : l'impossibilité de prévoir l'effet esthétique d'une réduction ou d'un agrandissement d'une œuvre d'art, qu'il s'agisse de statua re ou de l'exécution d'un plan d'architecture. Les formules qui viennent d'être exposées permettent de calculer rigoureusement les corrections qu'il faut faire subir à une longueur ou à un angle pour que ces grandeurs conservent à une échelle quelconque leur valeur apparente, étant donnés des yeux normaux, non exercés par un entraînement spécial aux appréciations rigoureuses de la mathématique vraie, des yeux artistes, uniquement guidés, comme leurs ancêtres du moyen âge et de l'antiquité, par la mathématique subjective, fausse mais conforme aux lois de la vie, sources de toute joie et de toute esthétique.

III

LE RYTHME ET LA MESURE

13. — *Méthode pour mesurer l'influence des angles rythmiques ou non sur la sensibilité.* — On peut avoir une idée de l'état de la sensibilité d'un sujet à un instant donné par des méthodes différentes :

1° *Des enquêtes sur les variations du minimum perceptible après l'excitation considérée :* c'est ainsi qu'on étudie l'influence de l'intensité de l'éclairage ou de la durée du séjour de l'œil dans l'obscurité sur la sensibilité lumineuse : on mesure la plus petite quantité de lumière que l'œil peut percevoir après avoir été soumis à ces conditions et on pose que la sensibilité est plus grande lorsque cette quantité est plus petite et réciproquement.

2° *Des enquêtes sur les variations de la sensibilité différentielle :* c'est ainsi qu'on recherche quelle différence de température peut percevoir un sujet quand l'une des températures à laquelle il est soumis présente un caractère anesthésiant ou hyperesthésiant. Plus la différence perçue est petite, plus la sensibilité est grande. Cette méthode, l'une des premières qui aient été constituées par la psychophysique, est susceptible d'une relative rigueur, surtout quand elle applique à la mesure de la précision des sensations le calcul des probabilités.

3° *Des enquêtes sur la prolongation apparente et la persistance totale des impressions.* — La sensibilité est d'autant plus forte que l'impression se prolonge plus longtemps avec une égale intensité apparente et que l'impression persiste, mais en décroissant d'intensité, moins longtemps, autrement dit que la sensation consécutive de contraste apparaît plus rapidement.

4° *Des enquêtes sur les temps de réaction,* c'est-à-dire la durée comprise entre l'impression d'un signal et la réaction motrice à ce signal : la sensibilité est d'autant plus grande (il y a impression d'autant plus douloureuse) que les temps de réaction sont plus longs.

5° *Des analyses chimiques et physiologiques* (analyse de la leucine dans la salive, dosage de l'urée, de la créatinine dans l'urine, numération des spermatozoïdes, etc.), méthodes en général peu pratiques et peu décisives, les phénomènes psycho-physiologiques enregistrés étant trop délicats.

La durée de persistance de l'impression d'un angle rythmique ou non après l'occlusion des paupières est assez difficile à mesurer, la mémoire si précise de la forme pouvant prolonger le phénomène. Il est é alement très délicat de préciser rigoureusement l'instant d'apparition de l'image consécutive blanche d'un trait noir, même sur papier bleuté. Les enquêtes sur la sensibilité différentielle de lumière après la vision d'une forme seraient un moyen détourné et compliqué de mesure, de même que des enquêtes sur les temps de réaction. Au contraire, les variations du minimum perceptible déterminé sur l'angle à examiner peuvent très facilement doser l'influence de la perception de cet angle sur la sensibilité ; la persistance de l'impression n'est pas d'ailleurs étrangère aux variations de ce minimum perceptible.

J'adapte à l'extrémité d'une règle plate divisée en centimètres une lentille convergente de 12 dioptries, c'est-à-dire de $\frac{1}{12}$ de mètre ou 83 millimètres de distance focale, qui a pour résultat de produire une myopie artificielle et conséquemment de brouiller les images et je fais glisser sur ce mètre un curseur qui présente des cartons avec les différents angles tracés à côtés égaux et d'une même épaisseur de trait.

On sait que dans toutes les recherches de photoptométrie, il est préférable d'opérer à la lumière artificielle, que l'on peut obtenir à peu près constante avec une lampe Carcel. Après avoir fixé exactement les positions de l'œil, de la règle et de la lampe (celle-ci derrière et au-dessus de la tête de l'observateur), j'amène le curseur devant l'œil; je prie le sujet de fixer l'angle durant quelques secondes ; je l'éloigne ensuite rapidement, avec une vitesse aussi constante que possible et je prie le sujet d'indiquer le moment auquel la perception de l'angle disparaît pour ne laisser qu'une tache indistincte ; je note la division correspondante.

Même en mettant à part les exigences de la rapidité, il est préférable d'adopter pour le mouvement du curseur la direction centrifuge, car il nous est plus facile de noter la disparition de l'angle que son apparition, l'imagination travaillant beaucoup plus sur des données qui tendent à s'accroître que sur des données qui tendent à disparaître.

Les expériences faites sur les mêmes sujets à des intervalles de temps éloignés ont produit des nombres remarquablement concordants.

Je détache de mon carnet d'expériences quelques nombres pris au hasard : la première série a été exécutée avec des angles dont les côtés ont 60 mm.; la seconde avec des angles dont les côtés ont 25 mm.

Angles	Distances observées				
6	68	27	36	38	28.5
7	75	28	37	47	30
8	69	25.5	29	43	28.75
9	63	27.5	29	47	30.5
10	52 5	23.75	25	38	25
11	61.5	29 25	27	48	31
12	55	26	24	40	27
13	61	27.5	26	47	31.25
14	61.5	27.75	25.75	48	32
15	48	21.5	22	36	28.5
3	36	21	20 25	24	22 5
4	33	20.25	20	22.5	23 5
5	41	20	20.50	24	24.5
6	34	21.25	19.75	23.5	25.25
7	45	21.50	21.25	25.5	27
8	30	21	20	24	24.5
9	43	21.25	21	25	25 5
10	39.75	20.5	19.75	23	21.25
11	48	21.25	20.50	24.5	23.5
12	37	19	19 50	21	20.75
13	45	20	20 50	28	24
14	44	21	21	25	23 5
15	39	19 75	19.75	21	21.5
16	37	19 25	19.50	20.5	20 75
17	31	19.75	19.50	21	20
18	48	20	20	24.5	24

Ces expériences ont été complétées et contrôlées par d'autres, qui consistent à juxtaposer sur chaque carton deux angles ayant des valeurs voisines, mais l'une rythmique et l'autre non rythmique, de côtés égaux entre eux et à déterminer celui des deux angles qui disparaît le premier de la vision distincte pour une distance donnée.

J'ai adopté ce dispositif d'observation à travers la lentille, et non le procédé direct à l'œil nu, pour pouvoir doser l'état de l'œil le plus vite possible après l'observation de l'angle ;

j'ai voulu aussi éviter les ennuis (multiples dans les locaux parisiens) des mesures de grandes distances et les perturbations provenant des poussières atmosphériques, perturbations notables quand l'observateur est séparé de la figure d'épreuve par quelques mètres.

Il est d'ailleurs possible de déduire approximativement la distance à laquelle l'objet deviendrait à peine perceptible à l'œil nu, dans les mêmes conditions de rapidité, de la distance à laquelle il devient à peine perceptible dans la vision à travers la lentille, chez tous les sujets, en particulier chez les sujets doués de la vision mentale, c'est-à-dire chez ceux qui présentent une dilatation de la pupille, sous l'influence de l'idée de la distance, par une action directe du cerveau et cela sans aucun effort d'accommodation. Mais cette transformation n'a qu'un intérêt théorique. Le lecteur curieux trouvera les formules dans les *Comptes rendus des Séances de l'Académie des Sciences.*

Il résulte donc de l'expérience que les angles déterminant des sections de circonférence dont les extrémités correspondent aux sommets de polygones réguliers ayant pour nombres de côtés soit une puissance de 2, (p. ex 4, 8, 16, 32...) soit un nombre premier égal à une puissance de 2 augmentée de l'unité, (p. ex. 5, 17...) soit le produit d'une puissance de 2 par un ou plusieurs nombres premiers de ces formes, (p. ex. 6, 10, 12, etc...) sont relativement anesthésiants, les autres étant relativement hyperesthésiants.

Le problème de calculer les quantités relatives de dynamogènie ou d'inhibition motrice causées par la vision de ces angles est théoriquement soluble pour notre être idéal; il est possible d'évaluer le travail des constructions géométriques nécessaires, soit à l'inscription de polygones réguliers inscriptibles par le compas, soit à l'inscription de polygones réguliers non inscriptibles; le travail de celles-ci mesurerait l'hyperesthésie ou l'empêchement moteur. On voit par les tableaux ci-dessus que l'expérience présente des résultats variables en ce qui concerne les relations réciproques des anesthésies produites par les divers angles rythmiques ou des hyperesthésies produites par les divers angles non rythmiques, mais des résultats constants sur le sens anesthésiant des premiers, angles, hypéresthésiant des seconds.

14. *Echelles opsimétriques.* — Ces conclusions s'appliquent à un œil normal: pour un œil fatigué ou malade il y aurait renversement. Suivant que le quotient de la somme des distances auxquelles disparaissent les angles non rythmiques dans leurs diverses situations par la somme des distances

auxquelles disparaissent les angles rythmiques dans des situations aussi identiques que possible aux précédentes est plus grand, égal ou plus petit que 1, il y a état normal, anormal ou fatigue de la rétine. J'appelle *indicateur opsimétrique* cette nouvelle constante en ophtalmologie et *échelles opsimétriques* les angles destinés à la déterminer pour un œil normal au point de vue de la réfraction ou dont l'amétropie et l'astigmatisme sont corrigés.

15. *La mesure.* — Notre être circulaire est incapable de tracer des droites d'une manière continue. La seule manière pour cet être, uniquement tactile, de percevoir une droite est de faire coïncider cette droite avec un de ses appendices. Il est conduit ainsi à la considérer comme le rayon d'un cercle, à compter autant de cercles qu'il y a d'unités de longueur dans une droite, ce qui revient à envisager un grand cercle divisé en autant de parties qu'il y a d'unités de longueur dans la droite. On voit que les nombres rythmiques jouent un rôle non moins important dans les droites que dans les angles. J'appelle *mesuré* le caractère rythmique d'une longueur et *mesure* toute longueur rythmique.

16. *Calculs inconscients des formes.* — Les calculs ne peuvent se borner pour un être mathématicien à l'appréciation isolée des angles et des droites ; leurs relations réciproques ont évidemment une grande importance ; il s'agit de déterminer le sens dans lequel il convient de compter ces grandeurs. Des considérations de convenance fondées sur les directions symboliques de travaux de plus en plus complexes comme ceux correspondants aux sensations de lumière, de couleur, de forme conduisent notre être à associer inséparablement les formes avec les directions comptées de gauche à droite, en bas d'un cercle. D'autre part, il est conduit, comme on l'a vu, à associer l'addition avec les tracés successifs dans le sens préféré, la soustraction avec les tracés successifs en sens inverse. Tout angle qui sera à la droite du dernier trait prolongé s'ajoutera donc ; tout angle qui sera à gauche se retranchera, le premier étant conforme, le second étant contraire au sens normal d'expression. Il en sera de même de toute droite. De plus, toute droite à laquelle est associée une direction centrifuge tendra à s'ajouter, puisque l'expression des formes est associée nécessairement à une direction centrifuge : toute droite associée à une direction centripète tendra à se retrancher.

17. — RÈGLES. — *Cas du point rayonnant.* — Si la forme affecte le caractère d'un point rayonnant dans un demi-cercle supé-

rieur ou inférieur, les arcs de cercle doivent être rythmiques, les rayons également. Centripètes, ces derniers éléments se retranchent ; centrifuges, ils s'ajoutent ; ils sont comptés de droite à gauche en haut ou de gauche à droite en bas ; le premier élément est toujours positif. De la somme des angles on retranche la somme algébrique des rayons : la différence doit être rythmique. [Si le point rayonne dans toutes les directions, l'analyse débute par le rayon vertical supérieur ou le plus rapproché à droite.]

Voici 2 figures : la figure 1, composée d'éléments rythmiques, la fig. 2 composée d'éléments non rythmiques, ainsi qu'il ressort des nombres suivants :

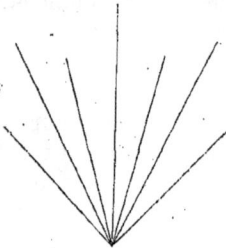

Fig. 1

Angles	Droites	
	+	—
20	34	
30	48	
24	48	40
24		40
30	48	
20		34
	+ 178 — 114	
Différence	64	

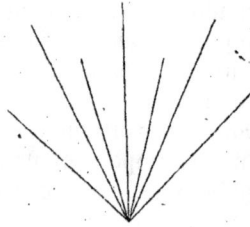

Fig. 2

Angles	Droites	
	+	—
18	38	
36	45	35
26	45	
26		35
36	45	
18		38
	+ 173 — 108	
Différence	65	

L'expérience me paraît satisfaisante et décisive. Toutefois, pour obtenir des préférences conformes aux prévisions théoriques, je dois avertir l'observateur normal de bien vouloir considérer chaque forme durant quelques secondes et la suivre du regard dans tous ses détails.

18. — *Cas de la ligne brisée.* — Dans le cas d'une ligne brisée, on commence l'analyse en bas, afin de finir par le haut, direction symbolique de cette dynamogénie, vers laquelle tend notre être d'après la définition.

Suivant que l'angle est à droite ou à gauche du dernier trait prolongé, il s'ajoute ou se retranche. Chacun des nombres, les sommes algébriques des angles et des droites, la différence entre ces sommes doivent être rythmiques.

Exemples : fig. 3 et 4 dont voici les nombres :

Angles		Droites			Angles		Droites	
+	—	+	—		+	—	+	—
8		17			7		13	
	8		17			9		21
	12		34			14		35
10		24			9		25	
16		60			18		55	
	24		48			25		45
	6		34			7		35
8		32			9		33	
20		20			21		45	
62	50	153	133		64	55	171	136
(+ 12)	—	(+ 20)			·(+ 9)	—	(+ 35)	
	— 8					— 26		

Fig. 4.   Fig. 3.

La fig. 3 est rythmique, la fig. 4 non rythmique.

19. — *Cas du contour polygonal qui ne se coupe en aucun point.* — Si la figure est un contour polygonal qui ne se coupe en aucun point, il y a association inséparable entre le contour et les grands cercles descriptibles par les appendices; notre être intelligent, toujours en vertu de sa définition, commencera l'analyse du contour par un point situé en haut, pour pouvoir revenir finalement en ce point. De là cette 3e règle : Si la figure est un contour polygonal qui ne se coupe en aucun point, on cherche le centre de la figure ; on fait passer par ce centre une horizontale et on élève sur cette ligne, en ce point, une perpendiculaire qui coupe la figure en un point à partir duquel on commence l'analyse du contour, si ce point coïncide avec l'origine d'une droite. Si, au contraire, ce point tombe sur la droite, on reporte l'analyse sur l'origine de cette droite et on note à partir de ce point la première ligne et le premier angle obtenu par le prolongement de la dernière ligne. On continue comme dans le deuxième cas.

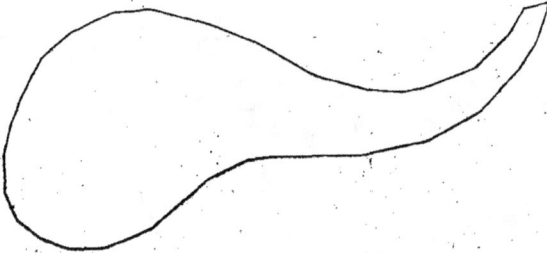

Fig. 5.

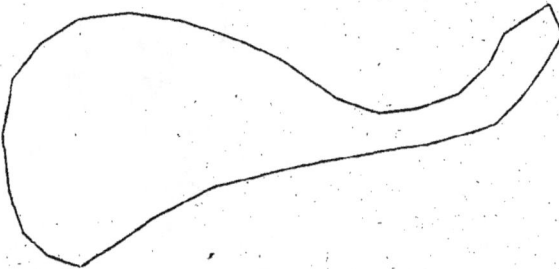

Fig. 6.

Fig. 5

Angles		Droites	
+	—	+	—
24		15	
	51		10
	34		12
	30		8
	20		10
	30		8
	20		8
	30		6
	51		6
	24		8
	15		6
	15		6
	20		6
	17		8
	15		10
	20		16
51		8	
24		6	
30		17	
	34		15
	24		12
	24		10
	20		8
	24		8
	3		5
	24		6
24		10	
15		10	
51		6	
30		6	
24		12	
273	545	90	192
(— 272)	—	(— 102)	
	(— 170)		

Fig. 6

Angles		Droites	
+	—	+	—
25		14	
	55		9
	55		13
	50		11
	25		11
	18		9
	15,5		9
	14		11
	22		11
	28		9
	14		7
	13		7
	7		7
	38		11
70		14	
25		19	
70		28	
	62		13
	13		7
	50		9
	38		7
	7		7
	3,5		11
	11		7
19		9	
14		9	
35		7	
14		9	
272	539	109	186
(— 267)	—	(— 77)	
	(— 190)		

Comme le prouvent ces nombres, la fig. 5 est rythmique, la fig. 6 non rythmique.

20. — *Cas d'un ensemble de contours polygonaux*. — La 4e règle est un corollaire de la précédente : Si la figure est un ensemble de contours polygonaux qui ne se coupent en aucun point, on cherche le centre de la figure totale ; on analyse le contour dans l'intérieur duquel tombe ce centre et l'on continue ainsi pour les différents contours en les prenant successivement de bas en haut et de droite à gauche, à partir du haut. Le nombre qui exprime chaque contour et la somme

algébrique des nombres de tous les contours doivent être rythmiques.

Il va de soi que si l'on est en présence d'angles très petits s'exprimant par de grands nombres, il n'y a pas lieu de calculer les sommes algébriques, car, ces angles étant très diffi-ficiles à apprécier, il résulterait de cette indétermination pour les sommes des différences considérables dans deux évaluations consécutives.

Voici (fig. 7), comme application de cette 4e règle, une très élégante croix. Les calculs suivants montrent qu'elle se résout presque uniquement en éléments rythmiques.

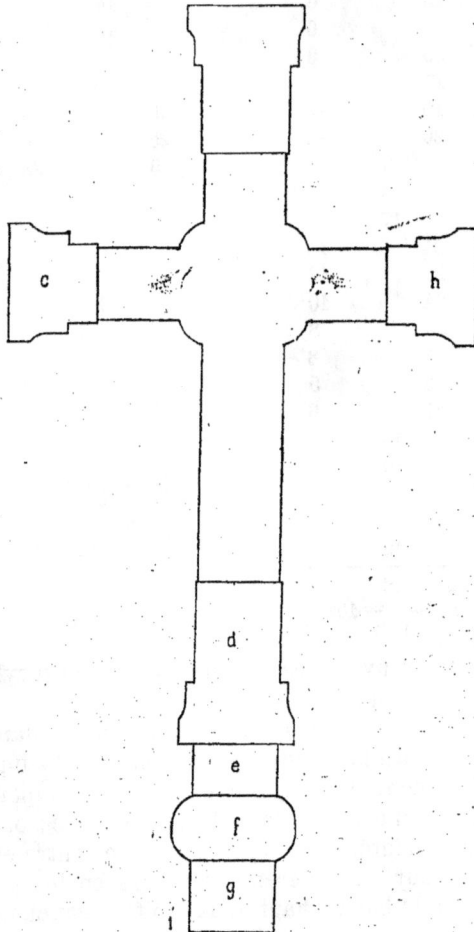

Fig, 7.

CONTOUR A			
Angles		Droites	
+	—	+	—
4	23		
4			24
6	4		
	34		4
	34		3
6	28		
	4		24
	4		28
6	3		
	34		4
	34		4
6	80		
	4		28
	4		80
6		4	
	34		4
	34		3
6	28		
	4		24
	4		28
6	3		
	34		4
	34		4
6	24		
52	300	202	266

$$(-248) - (-64)$$
$$-184$$

CONTOUR B			
Angles		Droites	
+	—	+	—
4	40		
		4	8
		15	4
40		4	
40		5	
		4	3
4	30		
		4	30
		4	30
4		3	
		4	5
40		4	
40		4	
		15	8
172	50	90	88

$$(+ 122) - (+ 2)$$
$$+ 120$$

CONTOUR C			
Angles		Droites	
40		4	
40		4	
		15	8
		4	40
		4	8
		15	4
40		4	
40		5	
		4	3
4	10		
		4	26
		4	3 10
4	4		5
168	54	30	104

$$(+ 114) - (- 74)$$
$$+ 188$$

CONTOUR D			
Angles		Droites	
+	—	+	—
4	30		
		4	34
4		3	
		4	5
40		4	
40		4	
		15	8
		4	40
		4	8
		15	4
40		4	
40		5	
		4	3
4		34	
172	50	84	102

$$(+ 122) - (- 18)$$
$$+ 140$$

CONTOUR E			
Angles		Droites	
4	30		
		4	17
		4	30
		4	17
4	12	30	64

$$(- 8) - (- 34)$$
$$+ 26$$

CONTOUR **F**				CONTOUR **G**				CONTOUR **H**			
Angles		Droites		Angles		Droites		Angles		Droites	
+	—	+	—	+	—	+	—	+	—	+	—
8		30						40		5	
	8		6	4		30			4		3
	18		5		4		24	4		10	
	19		5		4		30		4		26
	19		5		4		24		4		10
	18		6	4	12	3J	78	4		3	
	8		30	(— 8)		(— 48)			4		5
	8		6			+ 40		40		4	
	18		5					40		4	
	19		5						15		8
	19		5						4		40
	18		6						4		8
									15		4
								40		4	
8	172	30	84					168	54	30	104
(— 164)	—	(— 54)						(+ 114)	—	(— 74)	
	— 110								+ 183		

Ensemble de la figure.

		+	—
Contour	A		184
«	B	120	
«	C	188	
«	D	140	
«	E	26	
«	F		110
«	G	40	
«	H	188	
		702	294
		+ 408	

21. Analyse esthétique des courbes et analyse géométrique.
— Une courbe différente du cercle ne peut pas plus qu'une
droite être décrite par notre être. La manière la plus simple
et la plus rapide pour un être uniquement tactile de percevoir
une courbe quelconque est de la faire coïncider avec la droite
constituée par un ou deux de ses appendices sur toute l'étendue possible et de considérer cette courbe comme un contour
polygonal sur lequel il se transporte.

On sait que depuis Huygens on rapporte toute courbure à
la seule courbe qui ait une courbure uniforme, à un cercle qui
a avec la courbe considérée deux points consécutifs communs.
Ce cercle on l'appelle *osculateur* : sa courbure est d'autant plus
grande que son rayon est plus petit ; son centre est le *centre*

de courbure de la courbe en chaque point; son rayon est le *rayon de courbure*. L'angle de contingence est l'angle compris entre les deux tangentes consécutives de la courbe. Il est intéressant de préciser quels sont les rapports des arcs de division successifs et des angles de contingence d'une courbe analysée esthétiquement avec les rayons de courbure correspondants.

Dans l'analyse esthétique, deux points de division consécutifs A, B (fig. 8) doivent être tels que la règle qui les joint soit tangente en P au tracé intérieur du trait supposé constant dans tout dessin correct. L'arc AB peut être confondu avec l'arc correspondant du cercle osculateur de rayon ρ, rayon de courbure correspondant au milieu de cet arc; si Δs désigne cet arc et si Δα représente l'angle de contingence compris entre les deux tangentes AM M' et MB, on a, d'après une relation connue

$$\rho = \frac{\Delta s}{\Delta \alpha}.$$

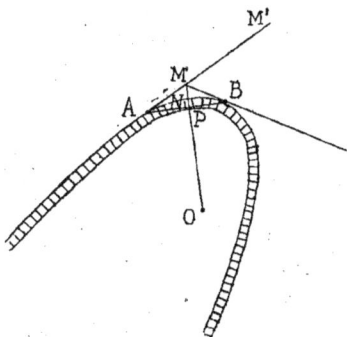

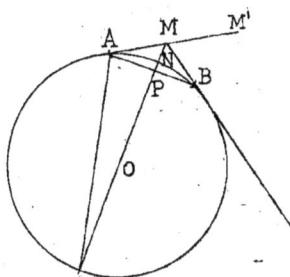

Fig. 8.   Fig. 9.

D'autre part, le triangle rectangle NAQ (fig. 9) donne

$$NP \times NQ = AN^2.$$

Mais NP représente l'épaisseur du trait ε; NQ = 2ρ; AN est sensiblement égal à l'arc $AN = \dfrac{\text{Arc AB}}{2} = \dfrac{\Delta s}{2}$. La relation précédente peut donc s'écrire

$$\varepsilon.\ 2\rho = \frac{\Delta s^2}{4};$$

d'où

$$\Delta s = 2 \sqrt{2\varepsilon\rho};$$

et pour les arcs consécutifs

$$\frac{\Delta s}{\sqrt{\rho}} = \frac{\Delta s'}{\sqrt{\rho'}} = \ldots = 2\sqrt{2\varepsilon};$$

c'est-à-dire que les arcs de division sont proportionnels aux racines carrées des rayons de courbure.

Comme on a

$$\Delta\alpha = \frac{\Delta s}{\rho} \quad \text{et} \quad 2\sqrt{2\varepsilon\rho} = \Delta s;$$

on en conclut

$$\Delta\alpha = \frac{2\sqrt{2\varepsilon}}{\sqrt{\rho}};$$

d'où, pour les angles de contingence consécutifs,

$$\Delta\alpha\sqrt{\rho} = \Delta\alpha'\sqrt{\rho'} = \ldots = 2\sqrt{\varepsilon}$$

c'est-à-dire que les angles de contingence sont inversement proportionnels aux rayons de courbure correspondants.

22. — *Rapporteur et triple décimètre esthétiques.* — Toutes les formes étudiées dans ce travail ont été établies avec deux instruments construits par G. Séguin (1) : le *rapporteur et le triple-décimètre esthétiques.*

Mon rapporteur esthétique diffère des rapporteurs ordinaires en ce qu'au lieu de présenter uniquement les divisions de la circonférence en degrés, il présente les divisions naturelles les plus simples, le $\frac{1}{3}$, le $\frac{1}{4}$, le $\frac{1}{5}$, ... le $\frac{1}{31}$, et indirectement toutes les autres sections. L'échelle des degrés est comprise entre les échelles des sections naturelles, l'échelle extérieure servant à mesurer les angles dirigés à gauche de l'observateur, l'échelle intérieure servant à mesurer les angles dirigés à droite. Pour analyser une courbe on prolonge le trait des différentes tangentes successives; on place le centre du rapporteur au point où le trait change de direction et la ligne zéro sur le prolongement du trait; on lit sur la graduation extérieure si l'angle est à gauche du trait prolongé, sur la graduation intérieure si l'angle est à droite, l'inverse de la section de circonférence qui mesure cet angle.

Le triple décimètre indique par des traits longs les nombres rythmiques dans les limites de 1 — 1200.

L'usage de ces instruments ne présente aucune difficulté.

23. — *Comment concilier les exigences du contraste, du rythme et de la mesure.* — Le rythme et la mesure sont des fonctions subjectives qui dérivent immédiatement de la cons-

(1) 14, Boulevard Saint-Michel.

titution circulaire de notre être ; l'origine des illusions de contraste suivant la situation est dans une association d'idées que nous avons précisée (§ 9) ; le contraste n'a donc point l'importance fondamentale du rythme et de la mesure. Si une forme réellement rythmique et mesurée apparaît en vertu du contraste autrement qu'elle n'est, la science rigoureuse dont nous avons doté notre être la rétablit telle qu'elle est pour sa mathématique inconsciente. C'est pourquoi dans toutes nos figures nous avons adopté les mesures vraies et non les mesures corrigées qui donneraient aux mesures vraies l'apparence de leurs valeurs. En principe, une méthode rationnelle de dessin industriel doit débuter par l'éducation de l'exactitude de l'œil ; mais tant que la fonction de contraste ne disparaîtra point de notre psychologie, et il y a dans ces illusions une part due à la constitution physique de l'œil (inégalité des indices de réfraction du cristallin et de la cornée dans les différents méridiens etc.), part malaisée à préciser, qui vraisemblablement laissera quelque résidu toujours, il faut tenir compte du contraste dans toutes les figures très simples (cercles, rectangles, etc.), où le rythme et la mesure n'ont qu'une importance secondaire, et modifier ces formes en conséquence, suivant les formules énoncées.

IV

LES CONVENANCES D'ORDRE SUPÉRIEUR

24. — *Les Indicateurs.* — Il est souvent difficile, parfois impossible, de concilier les exigences pratiques avec les exigences esthétiques : on cherche alors à réaliser celles-ci le mieux possible. Il importe de pouvoir mesurer ce degré d'approximation de la solution du problème et de comparer entre elles des formes plus ou moins satisfaisantes, au point de vue esthétique ; c'est l'objet de quelques nombres que j'appelle *indicateurs* et que je vais définir.

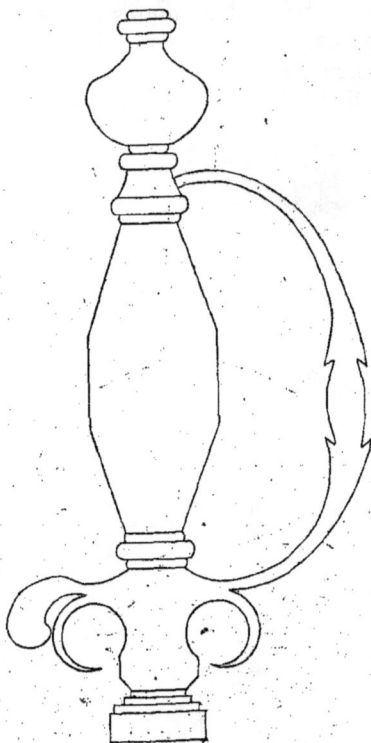

Fig. 1.

L'*indicateur de l'écart* est la moyenne arithmétique des différences d'un résidu final avec les nombres rythmiques les plus rapprochés entre lesquels il est compris.

L'*indicateur de dynamogénie* est le rapport du nombre des nombres rythmiques au nombre total des nombres.

L'*indicateur d'inhibition* est le rapport du nombre des nombres non rythmiques au nombre total des nombres.

L'*indicateur de contraste* est le rapport du nombre des nombres positifs représentant des angles et des droites à droite au nombre des nombres négatifs, représentant des angles et des droites à gauche.

L'*indicateur d'acuité* est : pour les angles, la moyenne arithmétique des nombres ; pour les droites, l'inverse de la moyenne arithmétique des nombres.

L'*indicateur de diversité* est le rapport du nombre des nombres différents au nombre des angles et des droites.

L'*indicateur de complication* est le rapport du nombre des nombres fractionnaires au nombre des angles et des droites.

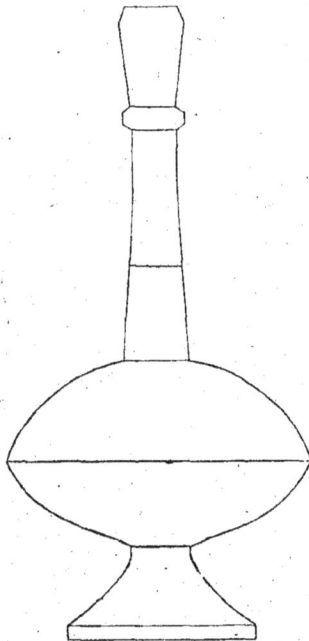

Fig. 2.

L'*indicateur de variété* est le rapport de la somme des nombres des groupes de 1, 2, 3 .. *n*, chiffres identiques au nombre des angles et des droites.

Les indicateurs de contraste, de diversité et de variété se distinguent déjà par un caractère plus intellectuel qu'esthétique.

Pour qu'une forme présente le maximum de convenance esthétique, il faut qu'elle ait des indications d'écart, d'inhibition et de complication le plus petits possible et des indicateurs de dynamogénie, de contraste, d'acuité, de diversité, de variété le plus grands possible.

Prenons pour exemples la garde d'épée (fig. 1) et le vase persan (fig. 2) reproduits ci-contre.

Calculs de la Garde d'épée.

CONTOUR **A**				CONTOURS **B K M**				CONTOURS **C L**		
Angles		Droites		Angles		Droites		Angles		Droites
+	—	+	—	+	—	+	—	+	—
5		20		8		20		8		24
	5		40		8		1		8	2
	20		33		8		2		8	3
	20		40		8		1		8	2
	5		20		8		20		8	24
	5		40		8		1		8	6
	20		33		8		2		8	3
	20		40		8		1		8	2
5	95	20	246	8	56	20	28	8	56	24	38
(— 90) — (— 226)				(— 48) — (— 8)				(— 48) — (— 14)		
+ 136				— 48				— 34		

CONTOUR **D**				CONTOURS **E I**				CONTOURS **F H J**		
Angles		Droites		Angles		Droites		Angles		Droites
+	—	+	—	+	—	+	—	+	—
4		16		8		16		8		12
	4		3		8		2		8	1
30		5			8		3		8	2
25		5			8		2		8	11
	3		24		8		16		8	12
	3		5		8		2		8	1
25		5			8		3		8	2
30		3			8		2		8	
114	10	34	32	8	56	16	30	8	56	12	20
(104) — (+ 2)				(— 48) — (— 14)				(— 48) — (— 8)		
102				— 34				— 40		

4

CONTOUR O

Angles		Droites	
+	—	+	—
4		20	
	4		2
	4	20	
	4		2
4	12	20	24
(— 8)	—	(— 4)	
		— 4	

CONTOUR P

Angles		Droites	
+	—	+	—
4		24	
	4		2
	4	24	
	4		2
4	12	24	28
(— 8)	—	(— 4)	
		— 4	

CONTOUR Q

Angles		Droites	
+	—	+	—
4		30	
	4		3
	4	30	
	4		3
4	12	30	36
(— 8)	—	(— 6)	
		— 2	

CONTOUR G

Angles		Droites	
+	—	+	—
4		12	
	4		3
	8		6
	24		12
	12		6
	12		6
	15		8
	12		6
	16		8
	24		12
	24		8
	16		6
	12		8
	15		6
	12		6
	12		12
	24		6
	8		3
4	250	12	122
(— 246)	—	(— 110)	
	— 136		

CONTOUR N

Angles		Droites	
+	—	+	—
12		20	
	12		6
20		8	
10		10	
	15		8
	16		8
	12		6
	17		6
	10		6
	10		5
	5		5
	15		6
	4		3
15		5	
6		5	
13		8	
24		3	
2.5		10	
	12		6
	15		6
	13		8
	10		8
	10		6
	2,5		5
30		8	
8		6	
17		4	
12		6	
13		6	
8		5	
20		8	
12		6	
10		6	
20		5	

CONTOUR R

R		M	
+	—	+	—
4		34	
	4		10
	4	34	
	4		10
4	12	34	54
(— 8)	—	(— 20)	
	+ 13		

Angles	Droites		Angles	Droites
12	6		30	10
8	6		20	12
8	20		2,5	5
8	6		3	10
8	6		30	10
12	5		30	10
20	6		3	5
10	6		2,5	10
12	8		17	10
20	5		30	10
8	6		30	8
15	6		20	8
12	4		20	12
17	6		30	12
8	8		10	8
30	5		20	6
2,5	6		805 745	391 433
10	8		(+ 60) — (— 42) +	
10	8		+ 102	
12	6			
15	6			
12	10			
2,5	10			
30	12			
17	12			
24	12			
30	30			
2,5	5			
3	10			
30	10			
3)	10			
3	5			
2,5	30			
40	12			
40	12			
24	12			
24	10			
20	12			
30	10			
30	8			
3,5	4			
4,5	6			
30	10			
24	10			
24	10			
20	12			
30	12			
30	12			

Ensemble
de la
Garde d'Epée

	+	—
A	136	
B		40
C		34
D	102	
E		34
F		40
G		136
H		40
I		34
J		40
K		40
L		34
M		40
N	102	
O		4
P		4
Q		2
R	12	
	353	522
	— 170	

Calculs du Vase persan.

CONTOUR A
Angles Droites

+	—	+	—
4 5		20	
	4.5		33.5
	3.5		24
	3.5		33.5
4.5	11.5	20	91

(— .7) — (— 71)

+ 64

CONTOUR B
Angles Droites

+	—	+	—
4		16	
	4		24
44		24	
	3.5		20
	3 5		24
44		24	
92	11	64	68

(+ 81) — (— 4)

— 85

CONTOUR C
Angles Droites

+	—	+	—
12		16	
12			4
6			4
6			4
12			16
12			4
6			4
6			4
12	60	16	46

(— 48) — (— 24)

— 24

CONTOUR D
Angles Droites

+	—	+	—
5		20	
	5		6
	19.5		30
	4.5		16
	4.5		30
	19.5		6
5	53	20	88

(— 48) — (— 68)

+ 20

CONTOUR E
Angles Droites

+	—	+	—
20		24	
	20		11
	40		12
	40		12
	24		12
	20		12
	3 5		110
	3.5		12
	20		12
	24		12
	40		12
	40		11
20	273	24	228

(— 255) — (— 204)

— 51

CONTOUR F
Angles Droites

+	—	+	—
3		110	
	3		8
	24		10
	50		10
	34		10
40		12	
	12		22
	12		12
40		10	
	34		10
	50		10
	24		8
83	243	132	100

(— 160) — (+ 32)

— 192

CONTOUR G
Angles Droites

+	—	+	—
4		22	
	4		4
20.5		5	
20		8	
30		8	
36		8	
30		8	
	2.5		68
	2.5		8
30		8	
36		8	
30		8	
20		5	
20.5		4	
277	9	92	80

(— 268) — (+ 12)

+ 256

CONTOUR H
Angles Droites

+	—	+	—
4		68	
	4		5
	4		68
	4		5
4	12	68	78

(— 8) — (— 10)

+ 2

Ensemble du Vase persan

	+	—
A	64	
B	85	
C		24
D	20	
E		51
F		192
G	256	
H	2	
	427	267

+ 160

De ces nombres, nous tirons, pour les différents contours de ces objets, les indicateurs suivants :

TABLEAU COMPARATIF DES INDICATEURS

	VASE PERSAN								GARDE D'ÉPÉE												MOYENNES	
	A*	B	C	D	E	F	G	H	A	BKM	CL	D	EI	FHJ	G	N	O	P	Q	R	VASE	GARDE D'ÉPÉE
Indic. de dynamogénie.	0,27	0,63	►	0,68	0,7	0,77	0,68	0,9	0,74	0,91	0,87	0,83	0,91	0,96	0,90	0,93	1	0,93	0,93	0,93	0,716	0,904
Indicat. d'inhibition .	0,73	0,37	»	0,32	0,22	0,22	0,32	0,07	0,26	0,09	0,13	0,17	0,09	0,04	0,1	0,07	»	0,06	0,06	0,06	0,29	0,1
Indicat. de contraste .	0,5	1,11	0,21	0,35	0,45	0,41	2,87	0,56	0,28	0,21	0,21	1,88	0,21	0,21	1,01	0,36	0,36	0,36	0,36	0,5	0,52	0,474
Indic. d'acuité — Angles . . .	4	17,1	9	9,67	24,6	27,2	20,4	4	12,5	8	8	15,5	8	8	14,1	15,8	4½	4	4	4	10,45	8,66
Indic. d'acuité — Droites . . .	27,7	22	7	18	21	19,3	12,3	36,5	33,2	6	7,75	8,25	5,75	7,44	8,44	14	13,1	16,5	22	»	20,4	14,9
Indic. de diversité — Angles	0,50	0,50	0,25	0,50	0,33	0,50	0,36	0,25	0,25	0,13	0,13	0,50	0,13	»	0,33	0,25	0,25	0,25	0,25	0,25	0,39	0,23
Indic. de diversité — Droites	1	0,50	0,25	0,67	0,33	0,41	0,36	0,50	0,38	0,38	0,38	0,50	0,38	0,38	0,22	0,10	0,50	0,50	0,50	0,50	0,50	0,39
Indic. de variété — Angles .	0,50	0,67	0,50	0,67	0,67	0,88	0,86	0,25	0,50	0,43	0,13	0,75	0,13	0,13	0,78	0,82	0,25	0,25	0,25	0,25	0,62	0,36
Indic. de variété — Droites .	1	0,67	0,50	1	0,50	0,66	0,57	1	1	1	1	0,75	1	1	0,89	0,67	0,50	0,50	0,50	0,50	0,73	0,77
Indic. de complic. — Angles .	1	0,33	»	0,67	0,17	0,29	»	»	»	»	»	»	»	»	0,10	»	»	»	»	»	0,30	0,084
Indic. de complic. — Droites . .	0,50	»	»	0,67	0,50	»	»	»	»	»	»	»	»	»	0,67	0,50	»	»	»	»	0,06	»

(*) Les lettres indiquent les différents contours de chaque forme, désignés par les lettres successives de l'alphabet, dans l'ordre précité.

Nous pouvons déclarer en toute précision que la garde d'épée est moins hyperesthésiante, moins compliquée, mais moins variée, moins diverse, moins aiguë, moins contrastante que le vase persan.

Dans une étude plus approfondie, on pourrait calculer l'indicateur de contraste pour les rythmes et pour les non-rythmes et il serait utile de calculer les autres indicateurs, non seulement pour les angles et pour les droites, mais encore pour les angles à droite, les angles à gauche, les droites à droite, les droites à gauche, les angles rythmiques, les angles non rythmiques, les droites rythmiques et les droites non rythmiques, les angles rythmiques à droite, les angles rythmiques à gauche, les angles non rythmiques à droite, les angles non rythmiques à gauche, les droites rythmiques à droite, les droites rythmiques à gauche, les droites non rythmiques à droite, les droites non rythmiques à gauche. Je renvoie pour un exemple de ces calculs sur le dessin d'une amphore de Cnide à ma notice : *Application de nouveaux instruments de précision à l'archéologie.*

Le nombre des indicateurs est illimité et se développera avec les exigences de la précision.

Les précédents révèlent entre des contours sans rapport apparent des analogies remarquables. Une étude systématique à ces points de vue des principales formes historiques et vivantes permettrait de fonder sur une morphologie précise une loi d'évolution.

25. — *Deux proportions.* — Mentionnons, à propos de l'influence des jugements intellectuels sur les jugements esthétiques, deux proportions qui, sans avoir une importance esthétique, sont intéressantes par les relations qu'elles présentent entre leurs termes et qui en réduisent le nombre. La première est la *section d'or*, connue sous le nom de division en moyenne et extrême raison, qui s'exprime ainsi :

$$\frac{a}{b} = \frac{b}{a+b}$$

Par ex. : si on donne à a la valeur 145, à b, le valeur 236, on a :

$$\frac{145}{236} = \frac{236}{381}$$

La seconde est la *proportion harmonique* qui s'exprime ainsi :

$$\frac{a}{c} = \frac{a-b}{b-c}$$

Par ex. : si on donne à a, b, c, les valeurs 91,2 ; 45,6 ; 30,4 ; on a :

$$\frac{91,2}{30,4} = \frac{45,6}{15,2}$$

26. — *Le problème des caractères typographiques.* — Les figures 3 et 4 présentent, la 1re, les trois premières lettres du titre du « Figaro », la 2me, ces trois lettres améliorées, de l'avis général, au point de vue de la sensibilité rétinienne.

FIG   FIG

Fig. 3. 　　　　Fig. 4.

Voici les nombres des lettres de ces deux figures :

Analyse des caractères du « Figaro ».

CONTOUR F Angles +	Angles −	Droites +	Droites −	CONTOUR G Angles +	Angles −	Droites +	Droites −	CONTOUR I Angles +	Angles −	Droites +	Droites −
4	22			4	11			4	13		
		4	4			4	4			4	4
		4	2			4	1			4	2
12	1			3	3			12	1		
12	1			15	5			12	1		
12	20			12	6			12	20		
12	1			20	7			12	1		
12	1			30	6			12	1		
12	2			40	6			12	2		
		4	4	30	7					4	4
		4	13	20	6					4	13
		4	4	12	5					4	4
		4	2	15	3					4	2
12	1			3	1			12	1		
12	1			4	7			12	1		
12	7			4	8			12	20		
12	1					12	1	12	1		
12	1					12	1	12	1		
12	4					12	2	12	2		
		4	4	4	4					4	4
		4	4	4	13			118	28	65	33
12	1					4	4	(+ 120) — (+ 32)			
12	1					4	2	+ 88			

Angles		Droites	
12		7	
12		1	
12		1	
12		5	
12		1	
12		1	
12		6	
	4		4
	4		11
256	40	87	52

(+216) — (+35)

+181

Angles		Droites	
12		1	
12		1	
12		3	
20		3	
20		3	
20		2	
15		15	
15		2	
20		3	
20		3	
15		3	
12		4	
	4		4
239	290	62	98

(+9) — (−36)

+45

Analyse des nouveaux caractères.

CONTOUR I

Angles		Droites	
+	−	+	−
4		12	
	4		4
	4		2
12		1	
12		1	
12		24	
12		1	
12		1	
12		2	
	4		4
	4		12
	4		4
	4		2
12		1	
12		1	
12		24	
12		1	
12		1	
12		2	
	4		4
148	28	72	32

(+120) — (+40)

+80

CONTOUR F

Angles		Droites	
+	−	+	−
4		24	
	4		4
	4		2
12		1	
12		1	
12		24	
12		1	
12		1	
12		2	
	4		4
	4		12
	4		4
	4		2
12		1	
12		1	
12		8	
12		1	
10		2	
15		4	
	4		3
	4		4
15		2	
10		1	
12		8	
12		1	
12		4	

CONTOUR G

Angles		Droites	
+	−	+	−
4		12	
	4		4
	4		1
3		63	
	15		6
	12		6
	20		8
	30		6
	40		6
	30		8
	20		6
	12		6
	15		3
3		1	
	4		6
	4		8
12		1	
12		1	
12		2	
	4		4
	4		12
	4		4
	4		2
12		1	
12		1	
12		3	

Angles	Droites			Angles	Droites
12	6			20	3
12	2			20	3
12	1			20	3
12	6			15	17
		4	4	15	3
		4	12	20	3
				20	3

$$\overline{253} \quad \overline{40} \quad \overline{99} \quad \overline{51} \qquad 16 \qquad 3$$
$$(+213) - (+48) \qquad\qquad 10 \qquad 5$$
$$+170 \qquad\qquad\qquad 4$$
$$4$$

$$\overline{238} \quad \overline{230} \quad \overline{68} \quad \overline{100}$$
$$(+8) - (-32)$$
$$+40$$

Comme il ressort de ces tableaux, les nouveaux caractères ne présentent que 8 nombres non rythmiques dans les sommes des angles et des droites et 1 dans les différences de ces sommes, les autres nombres étant rythmiques, tandis que les lettres du *Figaro* présentent 10 nombres non rythmiques dans les sommes des angles et des droites, 4 dans les différences de ces sommes, 12 dans la série des angles et des droites et tous les résidus finaux non rythmiques.

Etant donnée une forme rigoureusement astreinte à certaines conditions, il est difficile de l'améliorer absolument, car on ne peut recourir qu'à de petits changements et dès que les angles sont très petits, les résidus finaux, suivant une remarque déjà faite, perdent toute importance : on ne peut qu'approcher le plus possible du résultat voulu.

On doit conclure de l'analyse numérique que les trois premières lettres du *Figaro*, par les éléments hyperesthésiants qu'elles renferment (8, 11; 13) sont bien choisies si l'on veut obtenir le maximum de sensibilité rétinienne ; si l'on veut au contraire obtenir le moins de fatigue finalement, c'est à un nouveau type de caractères dont les précédents sont un exemple (obtenu au hasard et non le meilleur) qu'il faut recourir. Les caractères de l'affiche ne doivent pas être ceux du livre du luxe. L'art industriel a un problème bien différent à résoudre, suivant qu'il veut faire des signaux, des démonstrations qui tirent l'œil ou qu'il veut faire des œuvres décoratives, reposant la rétine : dans le premier cas, il doit employer des formes non rythmiques, dans le deuxième cas, des formes rythmiques.

Une étude comparée de l'influence des différents caractères typographiques actuels sur la sensibilité serait très facile par ma méthode de la lentille ; il faudrait simplement ramener à la même surface les lettres comparées.

27. — *Influence des jugements étrangers à l'esthétique.* — Voici deux chaises (fig. 5 et 6); l'une est un modèle assez répandu, parfois rythmique, parfois non; l'autre est un modèle dessiné avec des éléments rythmiques exclusivement, ainsi qu'il ressort de ces tableaux :

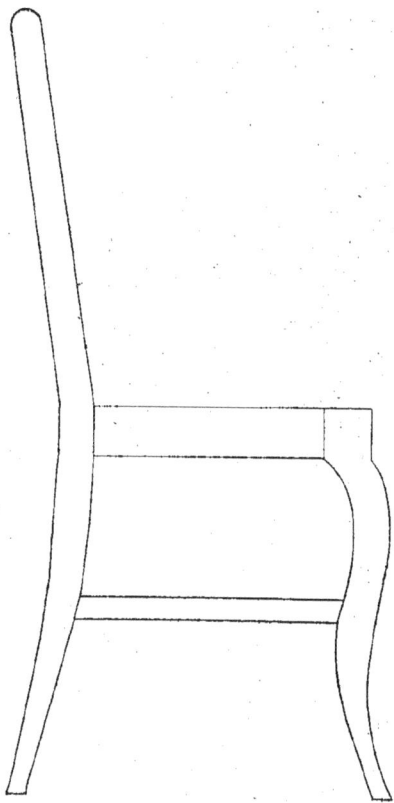

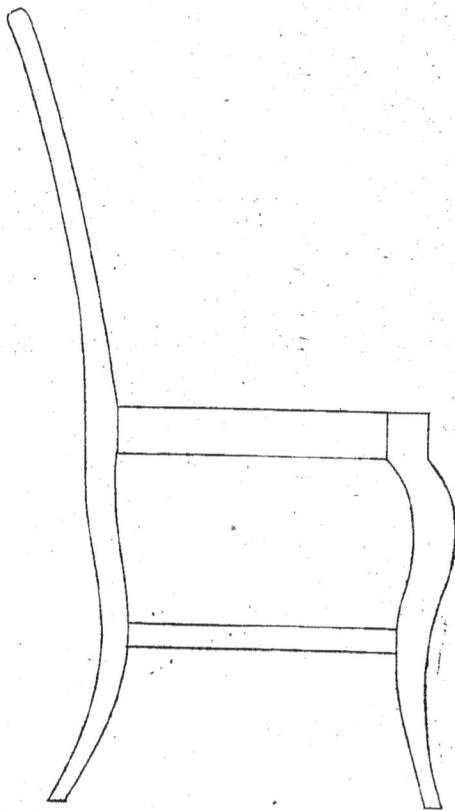

Fig. 5

Fig. 6

Calculs de la fig. 5 :

CONTOUR A
Angles Droites

+	—	+	—
4		83	
	4		17
	4		83
	4		17
4	12	83	117

(— 8) — (— 34)
+ 26

CONTOUR B
Angles Droites

+	—	+	—
12		2	
	12		2
	8		4
	12		133
35		17	
80		45	
80		25	
70		48	
	35		2
	4		7
	4		2
30		70	
	42		25
	60		25
	50		17
	40		134
	12		4
	8		4
307	287	207	356

(+ 20) — (— 149)
+ 169

Ensemble de la chaise

	+	—
A	26	
B	169	
C	6	
D		13

+ 188

CONTOUR C
Angles Droites

+	—	+	—
3.5		95	
	5		8
	3.5		95
	5		8
3.5	18.5	95	111

(— 10) — (— 16)
+ 6

CONTOUR D
Angles Droites

+	—	+	—
4		17	
	4		17
	8		4
34		11	
20		8	
40		12	
20		18	
60		8	
	20		9
	20		15
	40		17
	60		19
	5		7
	3		8
60		11	
40		19	
30		19	
50		18	
	60		17
	50		15
	25		6
	32		6
	40		7
17		17	
375	377	158	147

(+ 2) — (+ 11)
— 13

Calculs de la fig. 6.

CONTOUR A			
Angles		Droites	
+	—	+	—
4		96	
	4		16
	4		96
	4		16
4	12	96	123
(— 8) —		(— 32)	
+ 24			

CONTOUR B			
Angles		Droites	
+	—	+	—
8		6	
	8		2
	12		4
60		17	
80		17	
80		34	
60		30	
120		15	
80		40	
	60		34
60		24	
40		10	
60		17	
64		17	
80		12	
	5		6
	6		6
	80		12
	60		12
	80		12
	60		12
	40		10
	51		24
	80		20
60		30	
	60		17
	60		15
	60		30
	60		34
	80		17
	80		20
	60		4
	12		2
852	1012	269	293
(— 160) —		(— 24)	
— 136			

CONTOUR C			
Angles		Droites	
+	—	+	—
4		96	
	4		8
	4		96
	4		8
4	12	96	112
(— 8) —		(— 16)	
+ 8			

CONTOUR D			
Angles		Droites	
+	—	+	—
4		15	
	4		16
	8		6
30		8	
24		8	
30		8	
60		10	
40		12	
	60		8
	34		8
	60		8
	40		12
	60		34
	5		6
	3		3
24		10	
17		16	
40		17	
48		12	
60		12	
60		12	
	40		12
	40		8
	24		6
	60		8
	24		8
	8		16
445	462	156	145
(— 17) —		(+ 15)	
— 32			

Néanmoins, malgré l'amélioration incontestable au point de vue esthétique présentée par la fig. 6, plusieurs observateurs ont préféré la fig. 5 parce qu'elle est plus satisfaisante au point de vue de la stabilité de l'équilibre. Voilà un exemple curieux d'influence des jugements étrangers sur la sensation.

Il n'y a évidemment rien à tirer de pareilles observations, ni contre une théorie ni contre les expériences qui viennent l'appuyer. L'utilité pratique d'une théorie n'en est pas diminuée : un ouvrier intelligent satisfera toujours plus ou moins complètement aux exigences pratiques ; les exigences de son œil se renverseront au contraire souvent avec sa fatigue et, quand elles seront normales, pourront ne point avoir l'impériosité qu'elles ont chez l'artiste. La théorie précise ces exigences ; les instruments permettent d'y satisfaire.

La multiplicité des calculs est évidemment un obstacle à la diffusion de la méthode ; mais en pratique elle est moindre qu'on ne le supposerait. Il y a dans toute forme quelques traits essentiels ; les croquis si simples et si expressifs des grands artistes et de nos maîtres caricaturistes, le prouvent. Ce sont ces contours essentiels qui doivent être rigoureusement calculés par l'ouvrier d'art, car ce sont eux qui fixent l'attention de l'esprit à travers les multiples détails de l'image rétinienne ; ce sont eux qui dirigent les mouvements de nos yeux et deviennent le facteur prépondérant de l'impression esthétique.

Charles HENRY.

Paris.— Imprimerie G. Camproger, 52, rue de Provence.

www.ingramcontent.com/pod-product-compliance
Lightning Source LLC
Chambersburg PA
CBHW050538210326
41520CB00012B/2620